KB138310

이렇게 흘러가는 세상

이렇게 흘러가는 세상

영화부터 스포츠까지
유체역학으로 바라본 세계

송현수 지음

MiD

들어가며

별빛이 흐르고, 강물이 흐르고, 시간이 흐른다. 이 세상의 거의 모든 것들이 흐른다. 그중에서도 우리의 생명을 유지하는 데 필수적인 물과 공기, 끊임없이 몸안을 순환하는 혈액, 그리고 우리가 일상적으로 마시는 커피와 맥주처럼 흐를 수 있는 모든 액체와 기체를 합쳐 '유체'라 한다. 유체에 흐를 류流를 쓰는 것도 이러한 맥락에서다. 그리고 이런 유체의 특성과 움직임을 연구하는 학문을 '유체역학'이라 한다.

과거 유체역학의 응용 범위는 비행기 날개나 자동차 주변의 공기 흐름, 선박의 주행 안정성, 지구를 둘러싼 대기의 흐름 등 대부분 과학이나 공학 분야에 한정되었다. 복잡한 수식과 난해한 이론으로 뒤섞인 이 무시무시한 학문은 전공자들 외에는 그 내용을 알 필요도 없고, 용어조차 정확히 이해하기 어려운 사실상 '그들만의 리그'였다.

하지만 오랜 기간 지속적으로 정립되고 발전해 온 유체역학 이론은 최근에 접어들면서 공학의 울타리를 넘어서기 시작했다. 유체라는 단어 본래의 의미대로 세상 곳곳에 흘러 들어가게 된 것이다. 유체역학은 이제 영화, 교통, 의학, 예술, 경제

등 우리 삶의 곳곳에 스며들어 기존의 문제를 새로운 관점에서 바라보고, 참신한 방식으로 풀어낼 수 있도록 도와주고 있다.

이 책은 유체역학이 다양한 분야에 활용된 연구 성과를 구체적으로 이야기하고 있다. 예를 들어 영화 속 실제 같은 컴퓨터 그래픽 기술, 도로를 달리는 자동차 흐름의 분석, 동맥경화의 원인 및 해결책, 추상표현주의 화가 잭슨 폴록Jackson Pollock 작품의 해석, 월 가의 주가 예측 모형 등 우리 일상과 마주하는 곳들에 유체역학이 고스란히 녹아들었다.

2018년 출간한 『커피 얼룩의 비밀』이 유체역학이라는 현미경을 통해 음료의 세계를 미시적으로 탐구한 책이라면, 이 책은 유체역학이라는 망원경으로 우리가 살고 있는 세상 곳곳을 거시적으로 관찰한 보고서다.

흐르는 것이 물뿐이랴. 앞서 말했듯이, 이 세상의 거의 모든 것들은 흐르고 있으며, 유체역학은 이 흐름을 이해하고 분석하는 데 중요한 도구로 활용된다. 그리고 이 '흐름의 과학'은 앞으로도 계속해서 세상을 한 걸음씩 발전시킬 것이다. 1,300년 전 중국의 시성 두보杜甫가 노래한 대로.

不尽长江滚滚来 부진장강곤곤래
"끝없는 장강의 물결은 도도히 흐른다."

차례

1장

영화 속 흐름

만일 어떤 것을 글로 쓸 수 있거나 생각할 수 있다면,
그것은 영화가 될 수 있다.

Stanley Kubrick

2014년 전 세계에 렛잇고 열풍을 몰고 온 애니메이션 〈겨울왕국〉은 아렌델의 공주 안나가 왕국을 떠난 언니 엘사를 찾아가는 여정을 그린다. 국내에서만 1,000만 명이 넘는 관객을 동원한 〈겨울왕국〉의 흥행에는 감동적인 줄거리, 수준급 배경 음악 등 여러 성공 요인들이 자리했지만, 그중에서도 화려한 영상 기술이 한몫을 톡톡히 해냈다. 특히 눈보라가 휘몰아치고 눈덩이가 부딪히며 산산조각 나는 장면들은 현실보다 더 사실적으로 표현되어 관객들이 가상의 공간에 쉽게 몰입할 수 있도록 도와주었다. 덕분에 개봉 당시 3D, 4D로 영화를 재관람을 하는 관객들이 급증하기도 했다.

　이처럼 영상 기술의 발전으로 현실이 아닌 상상 속 세계로의 여행이 가능해졌다. 이를테면 관객들은 스크린 속에서 〈겨울왕국〉의 얼음 나라 아렌델뿐만 아니라 〈인터스텔라〉에 등장하는 외계 행성, 〈인셉션〉에서 볼 수 있는 꿈속 세상, 심지어는 공룡이 살았던 중생대 등으로 시공간을 초월한 순간 이동을 얼마든지 할 수 있다. 또한 〈어벤저스〉 시리즈에 등장하는

영상 기술의 패러다임을 바꾼 〈쥬라기 공원〉은 제66회 아카데미 시상식에서 시각효과상을 수상하였다.

치타우리족이나 〈아바타〉에 등장하는 푸른빛의 나비족 등 실제 존재하지 않는 종족도 만날 수 있게 되었다. 좁은 스튜디오가 수십만 명이 운집한 광장으로, 평범한 일상복이 무시무시한 철 갑옷으로 둔갑한 것은 그야말로 무에서 유를 창조한 신세계라 할 수 있다.

1993년 개봉한 〈쥬라기 공원〉은 당시 획기적인 그래픽 기술로 공상과학 영화의 신기원을 연 작품으로 평가 받는다. 물론 그 이전에도 실재하지 않는 공룡을 주제로 만든 영화가 있었지만 공룡이 실감나게 표현되지 않아 극적인 효과가 떨어졌다. 공룡 모형을 만들고 조금씩 자세를 바꾸어 가면서 한 프레임 단위로 계속 촬영한 후 이어 붙이는 스톱 모션stop motion 방식이 사용되었기 때문이다. 반면 〈쥬라기 공원〉에서는 컴퓨터 그래픽으로 모니터 속 디지털 공룡들의 사실적인 모습과 자연스러운 움직임이 표현되어 생동감을 극대화할 수 있었다.

그래픽 기술의 극적인 변화는 〈스타워즈〉 시리즈에서도 확인할 수 있다. 북미권에서는 〈스타워즈〉 속편이 개봉할 때마다 결근과 결석이 속출할 정도로 거대한 팬덤을 자랑한다. 이 시리즈는 1970년대 후반부터 1980년대 초반까지 오리지널 트릴로지original trilogy라고 불리는 세 편의 영화가 먼저 개봉된 뒤, 그보다 이전 이야기인 프리퀄 트릴로지prequel trilogy는 16년이 더 지난 후에야 개봉되었다.

조지 루카스George Lucas 감독은 시리즈가 중반부터 시작한 것에 대해 프리퀄의 이야기를 담아내기에는 당시 기술력이 충분하지 않았음을 고백했다. 실제로 최근 개봉된 시퀄 트릴로지sequel trilogy를 접하고 〈스타워즈〉 시리즈에 빠져든 세대 중에는 오리지널 트릴로지의 (당시에는 세계 최고 수준이었던) 영상이 조잡하다거나 촌스럽다고 느끼는 사람도 많다. 하나의 시리즈를 40년 이상 이어 온 전통도 놀랍지만, 이 시리즈를 통해 확인된 영상 그래픽 기술의 극적인 변화는 영화 산업에 있어 컴퓨터 그래픽이 얼마나 큰 역할을 하는지를 보여준다.

오늘날에는 컴퓨터 그래픽 없이 제작되는 영화가 드물 정도로 컴퓨터 그래픽의 역할은 점점 더 커지고 있다. 그렇다면 이를 활용한 영상의 '실제 같은 자연스러움'은 어떻게 만들어지는 것일까?

과학자와 손을 맞잡은 영화감독

영화계에서는 현실을 보다 실제적으로 반영한 작품을 만들기 위한 노력이 오래전부터 있었다. 물론 초창기의 컴퓨터 그래픽은 단순히 디자이너의 상상만으로 움직임을 표현했기 때문에 일반인이 봐도 실제와 쉽게 구분될 정도로 영상이 어색했다. 그래서 영화 속 몰입을 방해하는 큰 요소가 되기도 하였다.

더 나은 영상의 구현을 위해 노력하던 영화계는 결국 과학자에게 도움을 요청했다. 어찌 보면 재난 영화를 제작할 때 실제 구호 업무를 담당하는 소방관을 만나 현장을 조사하고, 범죄 영화를 제작할 때 경찰과 범죄자를 만나 취재하는 것과 같은 방식이다. 자연 현상을 실제처럼 묘사하기 위해 자연의 원리를 가장 잘 이해하는 과학자와 손을 잡는 것은 당연한 수순이었다.

경이로운 우주의 모습을 그린 영화 〈인터스텔라〉 또한 크

인터스텔라의 웜홀은 상상력의 산물이 아니라 과학적 근거를 바탕으로 사실과 가깝게 창조된 공간이다.

리스토퍼 놀란Christopher Nolan＊ 감독의 독자적인 상상력만으로 완성된 작품이 아니다. 〈인터스텔라〉가 과학적 근거를 바탕으로 하여 감독의 상상력을 입힌 우주 공간을 창조할 수 있었던 데는 미국 캘리포니아공과대학교 물리학과 킵 손Kip Thorne 교수의 도움이 있었다.

손은 2018년 우주의 별이 된 영국 물리학자 스티븐 호킹 Stephen Hawking과 평생 우정을 나눈 세계적인 이론물리학자이며, 중력파gravitational wave 관측에 기여한 공로로 2017년 노벨 물리학상을 수상했다. 그는 〈인터스텔라〉의 제작 과정에서 웜

＊ 크리스토퍼 놀란(Christopher Nolan, 1970~): 영국 런던 출생의 영화감독. 8살 때 <스타워즈>를 보고 SF 영화에 대한 꿈을 키웠으며, 19살에 단편 영화 <타란텔라>를 제작하였다. 2000년 각본과 감독을 맡은 스릴러 <메멘토>가 각종 영화제에서 수상하며 유명세를 얻었고, 2010년 영화 <인셉션>이 대중과 평단 모두의 호평을 받아 거장의 반열에 올랐다.

홀wormhole*과 블랙홀, 상대성 이론 등에 대해 자문하며 과학적으로 보다 정확한 영상을 구현하기 위해 힘썼다.

그 일환으로 2006년 6월 2일, 캘리포니아공과대학교의 한 회의실에서 '인터스텔라 과학 연구회'가 열렸다. 이 모임에는 우주생물학자, 행성학자, 이론물리학자, 심리학자, 우주정책 전문가 등 14명의 과학자와 영화 제작자가 참석하여 열띤 토론을 벌였다. 이 과정에서 이론적으로 빛보다 빠르게 우주를 여행할 수 없다는 사실을 놀란에게 이해시키는 데 2주가 걸렸다는 일화는 유명하다. 이러한 노력의 결실로 마침내 놀란과 손은 웜홀의 모양을 결정하는 매개변수parameter를 바꿔가며 영화 속 우주 공간을 창조해냈다. 이 같은 제작 과정을 바탕으로 손은 〈인터스텔라〉 속 물리학 지식을 담은 도서 『The Science of Interstellar』를 저술하였으며, 이 책은 우리나라에 『인터스텔라의 과학』으로 번역 출간되었다.[1]

이처럼 영화 제작 과정에서 과학자들의 활약은 물리학을 기반으로 한 컴퓨터 그래픽에서 가장 두드러진다. 제작비와 위험 문제로 실제 촬영하기 어려운 파도의 거대한 물결이나 폭발적인 화염 등의 장면은 가상의 컴퓨터 그래픽에 의존할 수밖에 없다. 우뚝 선 웅장한 건축물이나 빠르게 움직이는 자동차, 비행기 등을 합성하는 작업은 상대적으로 간단하다. 연속된 움직임을 표현하는 과정은 결국 시간에 따른 위치를 표

---

* 글자 그대로 '벌레가 사과에 뚫은 구멍'이라는 뜻으로 사과는 우주 공간을, 구멍은 한쪽에서 반대편으로 이동할 수 있는 통로를 의미한다.

시하는 방정식을 푸는 문제인데, 야구공이나 총알 같은 고체는 그 궤적을 비교적 쉽게 계산할 수 있기 때문이다.

하지만 바람이나 물처럼 흐르는 유체의 움직임을 컴퓨터 그래픽으로 자연스럽게 구현하는 일은 상당히 어렵다. 유체는 정형화된 물체가 아니어서 형태가 자유롭게 바뀌며, 유체 내부적으로도 서로 힘을 주고받기 때문이다. 따라서 유동 그 자체를 수식으로 명확하게 설명하는 것은 매우 난해하다.

결국 화면 속의 자연스러운 그래픽을 구현하기 위한 첫 걸음은 유체의 움직임을 수학적으로 정확히 표현하는 것에서부터 시작한다. 자연 현상을 그래픽으로 나타내기 위해서 컴퓨터가 이해할 수 있는 수식을 매개체로 활용하는 것이다. 그리고 그 수식은 수백 년에 걸쳐 많은 과학자들과 수학자들에 의해 조금씩 발전해왔다.

200년 넘게 풀리지 않은 방정식

오래전부터 과학자들은 유체의 움직임에 영향을 주는 요소들 하나하나에 대해 깊이 고민해왔다. 그 결과 유동을 발생시키는 원인은 압력 차이이며, 그 차이가 크면 유동이 빠르고 차이가 작으면 유동이 느리다는 것(바람이 항상 고기압에서 저기압으로 불고 압력차가 클수록 빠르게 부는 이유), 그리고 이를 통해 압력과 속도가 각각 독립적 요소가 아니라 서로 연관되어 있다는 것을 알게 되었다. 또한 물과 꿀을 같은 압력으로 밀 때 물이 상대적으로 쉽게 움직이는 현상을 통해 압력 차이가 동일하더라도 점도와 밀도에 따라 속도가 다름(가벼운 물체보다 무거운 물체를 이동시키기 어렵듯이 점도와 밀도가 높은 유체는 잘 흐르지 않는다)을 직관적으로 예상할 수 있었다. 그러나 이는 아직 정성적 상관관계에 불과할 뿐 하나의 공식으로 설명하는 데까지 이르지는 못했다.

물리적 이해 단계에 머물러 있던 유체의 속도와 압력, 밀도, 점성 사이의 관계는 1822년 프랑스의 한 공학자에 의해 설명되었다. 그는 수학적 이론은 부족했지만, 공학자의 직관으로 점성을 가진 유체의 움직임을 기술하는 방정식을 세웠다. 스위스 수학자 다니엘 베르누이Daniel Bernoulli의 연구 성과를 기반으로 한 오일러 방정식Euler's equation은 점성이 없는 유체의 운동을 기술한 수식인데, 그는 이 방정식을 수정하여 점성의 효과까지 고려할 수 있도록 했다.

운명일지 우연일지 그 무렵 아일랜드에는 걸음마를 배우던 두 살 아기가 신동으로 불리며 장차 수학자로서의 명성을 쌓아갈 준비를 하고 있었다. 이 아기는 성인이 되어 수학뿐 아니라 유체역학, 음향학, 광학 등 물리학의 다양한 분야에 두각을 나타내며 위대한 업적을 남겼다. 그리고 앞서 프랑스 공학자가 세운 방정식을 도출하는 과정을 풀어내어, 이를 수학적으로 완성시켰다.

서로 다른 나라에서 34년 간격으로 태어난 공학자와 수학자가 유체역학 역사상 가장 중요한 공식을 완성해 낸 것이다. 앞선 공학자는 클로드 루이 나비에Claude-Louis Navier이고, 뒤에 언급한 수학자이자 물리학자는 조지 스토크스George Stokes로, 그 공식은 이들의 이름을 붙여 '나비에-스토크스 방정식Navier-Stokes equation'이라 불리게 되었다.

참고로 나비에는 당대 최고의 교량 설계 및 시공 기술자였으며, 과학 기술의 발전을 위해 국가 자문 위원으로도 활동했다. 또한 훗날 에펠탑에 새겨진 72인의 위대한 프랑스 수학자,

에펠탑 1층 전망대 아래에 클로드 루이 나비에를 비롯하여 당대 최고의 수학자, 과학자, 공학자의 이름이 새겨져 있다.

과학자, 공학자 명단에도 올랐다. 스토크스 역시 1852년 영국 왕립학회 회원으로 선출될 정도로 명망 있는 학자였다. 그는 점도 단위 St스토크스를 비롯하여 스토크스 경계층Stokes boundary layer, 스토크스 유동Stokes flow, 스토크스의 법칙Stokes' law, 스토크스 유선 함수Stokes stream function 등 여러 학문에서 자신의 이름을 붙인 수많은 이론을 정립하였다.

유체역학 전공자들 사이에서 간단히 N-S eq.이라 쓰이는 나비에-스토크스 방정식은 물체의 움직임을 기술하는 뉴턴의 운동 제2법칙$^{F=m \cdot a}$처럼 자동차 및 비행기 주변 공기의 흐름, 태풍 및 해수 등 날씨의 예측, 오염 물질의 확산, 혈관 내 혈액의 흐름 등 거의 모든 유동을 설명할 수 있는 매우 강력한 방정식이다. 또한 실제로 F=m·a를 유체의 특성에 맞게 변형시킨 식이며, 수학적으로는 점성을 가진 유체에 작용하는 힘과 운동량의 변화를 기술하는 비선형 편미분 방정식Nonlinear Partial Differential Equation 이다.

$$\frac{\partial u}{\partial t}+(u\cdot\nabla)u = f-\frac{1}{\rho}\nabla p+v\Delta u$$

(u는 속도, t는 시간, f는 체적력, ρ는 밀도, p는 압력, v는 동점성계수)

나비에-스토크스 방정식은 다방면에 활용되고 있지만 방정식이 세워진 지 200년이 지난 지금까지도 일반해general solution가 풀리지 않은 난제로 불리고 있다. 심지어 일반해가 존재하는지조차 알 수 없을 정도로 악명이 높다. 지난 두 세기 동안 수많은 수학자들이 이 문제에 도전했지만 아직까지 아무도 풀어내지 못했다.

참고로 나비에-스토크스 방정식은 새천년을 맞이한 2000년, 미국 클레이 수학연구소Clay Mathematics Institute에서 선정한 7개의 풀리지 않은 난제 중 하나이기도 하다. 이 연구소는 문제당 100만 달러의 현상금을 내걸었는데, 푸앙카레 추측Poincaré conjecture만 2002년 러시아 수학자 그리고리 페렐만Grigori Perelman에 의해 증명되었다. 학위, 소속과 상관없이 어느 누구든 이 중 한 문제만 푼다면 단번에 세계 최고의 수학자이자 백만장자가 될 것이다.[2]

흐름, 컴퓨터로 풀다

  나비에-스토크스 방정식의 정확한 해를 구할 수 없었던 과학자들은 컴퓨터를 이용해 정답에 최대한 가까운 근사해approximate solution를 찾기 시작했다. 예를 들어 y=1/x의 식이 있고, y=3을 만족시키는 x값을 찾는 문제가 있다. 우리는 간단한 암산으로 x=1/3임을 알 수 있지만, 답을 모른다고 가정하자. 일단 무작위로 x에 1을 대입하여 y=1의 값을 얻는다. 아직 y가 3이 아니므로 다시 x에 0.5를 대입하면 y=2가 되고, 3에 조금 가까워졌으므로 같은 방식으로 x에 숫자를 반복해 대입한다. 마침내 x에 0.333을 대입하여 y=3.003003003의 값을 얻는다. 이 같은 방법을 시행착오법trial and error method이라 한다.

  사람이 직접 시행착오법으로 계산하면 간단한 식이라도 매우 지루하고 고된 작업이지만 컴퓨터를 이용하면 근사값을 금방 찾을 수 있다. 물론 나비에-스토크스 방정식은 복잡하고 고려해야 할 변수가 매우 많아 주로 슈퍼컴퓨터를 활용한다.

전산유체역학은 컴퓨터로 자동차 주변의 공기 흐름을 해석하는 데 사용된다.

컴퓨터를 이용해 유동 현상을 해석하는 전산유체역학 Computational Fluid Dynamics, CFD 은 나비에-스토크스 방정식의 근사해를 구하는 과정을 근간으로 한다. 기본적으로 해석하고자 하는 유체 덩어리를 격자mesh로 나누고 이것을 시간 순으로 계산하는 방식이다.[3]

격자를 잘게 생성할수록, 시간 간격이 짧을수록 정확한 해를 얻을 수 있으나 현실적으로 컴퓨터의 성능을 고려해야 한다. 성능이 떨어지는 컴퓨터로 매우 미세한 격자를 사용하고 짧은 시간 간격으로 유동을 해석하면 무척 오랜 시간이 소요되기 때문이다. 그러나 비행기 날개 주변처럼 와류가 발생하거나 유동이 급격히 변하는 공간에는 상대적으로 격자를 많이 생성해야만 정확한 값을 구할 수 있다.

이러한 이유로 첨단 기술의 시대인 현재에도 날씨의 완벽한 예측은 여전히 불가능하다. 매우 넓은 공간에서 시시각각 변하는 날씨를 정확히 해석하기 위해서는 이론상 무한히 빠른 슈퍼컴퓨터가 필요하기 때문이다. 현재로서는 일반해에 최대한 가까운 값을 구하는 방법이 현대 과학과 수학의 한계다.

이제 전산유체역학의 범위는 유체에만 국한되지 않는다. 과거의 전산유체역학은 주로 공기와 물처럼 유체에만 집중하여 해석하였으나 최근에는 유체와 고체가 서로 영향을 주고받는 현상에 대해서도 연구가 활발히 진행 중이다. 이를 유체-구조물 상호 작용fluid-structure interaction이라 하는데, 바람에 흩날리는 머리카락이나 깃발 등이 그 예다. 이를 정확히 해석하기 위해서는 유체역학뿐만 아니라 고체역학, 탄성학 등에 대한 지식도 필수적이다.

그렇다면 영화에서 전산유체역학이 중요한 이유는 무엇일까? 이 학문이 발전할수록 영화의 가상 이미지 역시 정교해지기 때문이다. 한마디로 컴퓨터 그래픽은 나비에-스토크스 방정식을 얼마나 정확히 계산하느냐에 따라 유동의 자연스러움이 결정된다는 의미다. 이 문제를 해결하기 위해 유체의 흐름을 수식으로 표현할 수 있는 물리학자, 복잡한 수식을 풀 수 있는 수학자, 그리고 수식으로부터 얻은 해를 그래픽으로 표현하는 컴퓨터공학자들이 모이게 된 것이다. 이들은 다양한 자연 현상에 각각 적합한 수식을 세운 후, 컴퓨터를 이용하여 계산한 결과를 화면으로 나타낸다. 최근 컴퓨터 그래픽 기술의 급격한 발전으로 거친 파도나 태풍과 같은 유체의 복잡한 움직임을 표현함에 있어 실제 촬영한 것인지 가상인지 구분하기 어려울 정도가 되었다.

현실보다 더 현실 같은 가상 세계

    1895년 프랑스 오귀스트 뤼미에르^{Auguste Lumière}, 루이 뤼미에르^{Louis Lumière}* 형제가 영화를 발명한 이래 초기의 영화는 주로 실제 모습을 촬영하는 방식으로 제작되었다. 하지만 모든 장면을 직접 촬영하는 방식은 표현의 한계를 가져오기 마련이다.

    이러한 문제점을 극복하기 위해 1920년대 매트 페인팅^{matte painting} 같은 특수 효과가 등장했다. 매트 페인팅은 실제 촬영이 불가한 장면에서 특정 공간을 사실적으로 표현하는 기법이다. 매트는 필름의 특정 영역이 빛에 노출되지 않도록 가

---

*   오귀스트 뤼미에르(Auguste Lumière, 1862~1954), 루이 뤼미에르(Louis Lumière, 1864~1948): 프랑스 출생의 발명가 형제. 초상화를 그리는 화가이자 사진사였던 아버지 앙투안 뤼미에르(Antoine Lumière)의 영향을 받아 카메라인 동시에 영사기도 되는 시네마토그라프(cinématographe)를 설계하였으며, 1895년 뤼미에르 형제의 이름으로 시네마토그라프에 대한 특허가 등록되었다. 운명인지 우연인지 뤼미에르는 프랑스어로 빛을 뜻한다.

매트 페인팅 같은 컴퓨터 그래픽 기술의 발달로 몽환적이면서도 사실적인 영상 표현이 가능해졌다.

리는 불투명한 막으로, 필요한 부분만 남기고 불필요한 부분은 가리는 역할을 한다. 이 기법은 영화〈오즈의 마법사〉에서 실재하지 않는 나라, 오즈를 표현하는 데 적극 활용되기도 했으며, 최근에는 컴퓨터 그래픽의 힘을 빌어 더 완성도 높은 효과를 내고 있다. 또한 크로마키chroma key 역시 방송에서 많이 활용되는 합성 기법으로 채도 차이를 이용해 배경으로부터 인물을 분리한 후 새로운 배경에 덧붙이는 원리다.[4]

 이런 여러 시도들을 거치면서 1960년대 컴퓨터 그래픽 기술에 새로운 패러다임을 제시한 사람이 등장한다. 바로 미국의 컴퓨터과학자 이반 서덜랜드Ivan Edward Sutherland 다. 1963년 서덜랜드는 미국 MIT 박사 과정 중 스케치패드Sketchpad 라는 프로그램을 개발했다. 이 프로그램은 펜 하나로 모니터에 원하는 그림을 그리는 스케치를 가능하게 했는데, 덕분에 컴퓨터 그래픽으로의 접근이 손쉬워졌다. 이어 1970년대부터 영화에 컴퓨터 그래픽이 본격적으로 사용되기 시작했다.

1980년대에는 미국 캘리포니아대학교 로스앤젤레스캠퍼스 수학과 스탠리 오셔Stanley Osher 교수가 레벨셋 기법Level-Set Method, LSM 을 개발했다. 이 기법은 표면 및 형상의 수치 해석을 위해 경계면을 모사하는 방식인데, 이를 통해 유체의 움직임을 획기적으로 정교하게 표현할 수 있게 되었다. 현재 레벨셋 기법은 전산유체역학을 비롯한 계산기하학computational geometry, 최적화optimization, 영상 처리image processing 등 광범위한 분야에 적용되고 있다.

오셔가 미국 캘리포니아대학교 버클리캠퍼스 수학과 제임스 세시언James Sethian 교수와 함께 레벨셋 기법에 대해 처음 발표한 논문은 지금까지 약 15,000회 인용되었으며, 이러한 연구 업적을 인정받아 오셔는 2014년 응용수학 분야 최고 권위의 가우스 상Carl Friedrich Gauss Prize 을 수상하였다. 노벨상 수상자들의 논문 피인용 횟수가 통상 10,000회 정도임을 감안할 때 만일 노벨상에 컴퓨터과학 분야가 있었다면 오셔가 유력한 수상 후보가 되었을지도 모른다.[5]

컴퓨터 그래픽 연구의 계보

오셔의 지도로 박사 학위를 받은 미국 스탠퍼드대학교 컴퓨터과학과 론 페드키우Ron Fedkiw 교수는 레벨셋 기법을 얼굴 표정 변화, 화염 및 연기, 강체 파괴, 비뉴턴 유동 등 유체와 고체를 넘나드는 물리 현상에 적용하는 연구를 진행 중이다. 특히 페드키우는 연구 결과를 영화에 적용하는 것을 즐겨 〈터미네이터 3〉, 〈스타워즈 에피소드 3〉, 〈포세이돈〉, 〈캐리비안의 해적〉 등 여러 편의 영화에 기술 자문으로 참가하였으며, 제80회, 제87회 미국 아카데미 시상식에서 과학기술상Scientific and Technical Award을 수상하기도 했다.[6]

오셔의 연구는 계속해서 후대로 이어졌다. 페드키우의 지도로 박사 학위를 받은 캘리포니아대학교 로스앤젤레스캠퍼스 수학과 조셉 테란Joseph Teran 교수는 월트 디즈니 애니메이션 스튜디오Walt Disney Animation Studios와 함께 협업하여 〈겨울왕국〉의 그래픽을 최고 수준으로 끌어올렸다. 영화의 배경으

미국 아카데미 시상식에서 두 차례나 과학기술상을 수상한 론 페드키우 교수

로 줄곧 등장하는 눈은 고체와 액체의 특성을 모두 가지고 있어 자연스러운 움직임을 표현하는 것이 매우 까다롭다. 테란은 이 문제에 MPM Material Point Method 을 이용하였는데, 이 기법은 고체, 액체, 기체를 포함한 모든 연속체의 움직임을 시뮬레이션할 수 있는 수치 해석법이다.[7]

또한 영화 속 엘사의 풍성한 머리카락이 바람에 흩날리는 모습 역시 매우 사실적으로 표현된 장면 중 하나다. 인간의 머리카락은 보통 10만 가닥인데, 엘사의 경우 무려 42만 가닥을 그린 덕분에 실제보다 자연스러운 움직임의 표현이 가능했다.

혁신적인 레벨셋 기법을 개발한 스탠리 오셔에서부터, 이를 더욱 발전시킨 론 페드키우, 그리고 조셉 테란으로 이어지

눈으로 만들어진 가상의 성이 부서지는 모습은 실제와 구분되지 않을 정도로 매우 사실적이다(A. Stomakhin et al., 2013).

는 학문 계보 덕분에 영화의 볼거리가 계속하여 풍성해지고 있다. 이 계보는 우리나라로도 이어졌다. 페드키우 교수 연구실에서 박사 후 과정을 거친 동국대학교 컴퓨터공학과 홍정모 교수는 엔씨소프트와 함께 2011년 개봉한 영화 〈7광구〉의 컴퓨터 그래픽 연구를 수행했다. 수조에서 물이 터져 나오는 장면과 잠수정으로 바닷물이 쏟아지는 장면에는 물의 움직임을 미세하게 표현하는 SPH Smoothed Particle Hydrodynamics 기법과 입자와 레벨셋의 혼합 시뮬레이션 기법이 적용되었다. 또한 괴물이 불타는 장면에서는 폭발을 정교하게 묘사할 수 있는 화염 시뮬레이션 기법인 DSD Detonation Shock Dynamics 가 사용되었다.[8]

2009년 개봉한 영화 〈해운대〉 역시 컴퓨터 그래픽 기술이 활발히 적용된 사례다. 이 영화에는 시속 800km로 초대형 쓰나미 Tsunami 가 몰려오는 장면이 나오는데, 이는 물론 실제 촬영한 것이 아니다. 쓰나미뿐 아니라 물결과 물거품 모양까지 컴퓨터 그래픽으로 세밀하게 구현하는 데에만 제작비의 절반

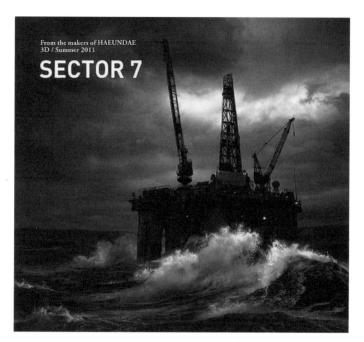

영화 <7광구>에서 가상의 파도를 구현하는 데 유체역학이 활용되었다.

인 70억 원이 소요된 것으로 알려졌다.

이외에도 더욱 생동감 있는 영상미를 위해 우리나라의 많은 과학자들이 연구에 매진하고 있다. 박사 과정 시절 오셔 교수의 지도를 받은 서울대학교 수학과 강명주 교수는 효율적이면서도 정확한 유체 시뮬레이션을 위한 수학적 알고리즘을 연구하고 있다.[9]

영화 속 컴퓨터 그래픽이 비단 유체역학에만 국한된 것은 아니다. 표정 변화 역시 격자를 나눌수록 정교한 해가 구해지고, 자연스러운 표정이 나온다. 카이스트 문화기술대학원 노준용 교수는 비주얼 미디어 랩Visual Media Lab에서 유체 시뮬레이션fluid simulation 외에도 캐릭터 애니메이션character animation, 입체 가시화stereoscopic visualization 등을 연구한다.[10]

이처럼 화려한 영상미와 현실보다 더 현실 같은 스크린 이면에는 나비에-스토크스 방정식을 포함한, 컴퓨터가 풀어낸 수많은 수학 공식들이 자리하고 있다. 과거에는 수학을 연구하는 데 종이와 연필만 있으면 충분하다는 이야기가 있었다. 하지만 이제는 응용수학이라는 이름으로 컴퓨터, 그것도 최첨단의 슈퍼컴퓨터가 있어야만 해결할 수 있는 문제들이 점차 늘어나고 있다. 수학이 더이상 기초 학문이 아닌, 우리의 일상을 풍요롭게 하는 응용 학문으로 거듭나고 있는 것이다. 그리고 유체역학, 즉 흐름의 과학 역시 이 발전과 궤를 같이 하고 있다.

영화와 과학자

미국 할리우드에서는 영화감독과 과학자가 함께 현실적이면서도 과학적인 영화를 제작하려 힘쓰고 있다. 심지어 아예 영화감독으로 변신한 과학자도 있다. 미국 하버드대학교 생물학과에서 박사 학위를 받고 뉴햄프셔대학교 해양생물학과 교수로 재직 중이던 랜디 올슨Randy Olson은 어릴 적 꿈이었던 영화감독을 하기 위해 교수직을 사임했다. 이후 미국 남캘리포니아대학교 영화과에서 석사 학위를 받은 후 영화계로 진출한 괴짜 감독이다. 과학 지식이라는 다른 감독과 차별화 되는 자신만의 무기를 가진 올슨은 2008년 지구 온난화를 주제로 한 영화 〈Sizzle: A Global Warming Comedy〉를 제작하고 본인이 직접 출연까지 했다. 또한 여러 권의 저서를 통해 과학의 대중화에 기여하고 있다.[11]

한편 월트 디즈니 컴퍼니의 창립 90년을 기념하여 제작된 〈겨울왕국〉은 제86회 아카데미 시상식에서 장편 애니메이션상을 수상했다. 또한 1억 5,000만 달러의 제작비를 들여 무려 8배가 넘는 12억 7,421만 9,009달러의 총 수익을 올리기도 했다. 이 같은 흥행 성적을 낼 수 있었던 데에는 역대 최고 수준의 컴퓨터 그래픽이 큰 몫을 했다.

과학자에서 영화감독으로 변신한 랜디 올슨

영화 제작진은 눈 결정의 사실적인 표현을 위해 캘리포니아공과대학 물리학과 케네스 리브레히트Kenneth Libbrecht 교수에게 강의를 수강하기도 했다.[12] 이 강의에서 눈과 얼음이 어떻게 생겨나는지와 눈송이가 모두 제각기 다른 모양으로 형성된다는 사실을 배운 후, 2,000개의 서로 다른 눈송이 형태를 만들기도 했다. 2003년 우리나라에 번역 출간된 『눈송이의 비밀』과 2016년 출간된 개정판 『Field Guide to Snowflakes』에는 리브레히트가 직접 촬영한 다양한 모양의 눈송이 사진과 함께 그에 숨은 여러 이야기가 실려 있다.[13]

2장

교통 속 흐름

느린 것을 두려워하지 말고,
멈추는 것을 두려워하라.

시진핑

2018년 최악의 교통 체증 도시로 미국 LA가 뽑혔다. 통계에 따르면 LA의 운전자들은 연간 100시간가량 도로에 갇혀 있다고 한다. 영화 〈라라랜드〉의 초반에 등장하는 정체 행렬을 매일같이 경험하며 사는 것으로, 바쁜 일정에 촌각을 다투는 현대인들이 365일 중 꼬박 4일을 쓸데없는 시간으로 보내는 셈이다.

이러한 LA의 극심한 교통 정체는 미국 프로농구팀 LA 레이커스의 코비 브라이언트ᴷᵒᵇᵉ ᴮʳʸᵃⁿᵗ도 두 손 두 발 들게 만들었다. 현역 시절 그는 교통 체증을 피하기 위해 경기장까지 헬리콥터로 출퇴근을 하기 시작했다. 물론 연봉이 2,300만 달러였기에 가능한 일이었지만 말이다. 이후에도 이동 수단으로 헬리콥터를 자주 이용하던 그는 2020년 안타깝게도 이 헬리콥터로 인한 사고로 운명을 달리했다.

한편 연중 교통 체증이 가장 심한 연말을 앞둔 2016년 12월 17일, 트위터에 글이 하나 올라왔다.

"Traffic is driving me nuts. Am going to build a tunnel boring

machine and just start digging…"

(교통 체증이 나를 괴롭혀. 터널을 뚫는 기계를 만들어 땅을 파기 시작할거야…)

다른 누군가의 글이었다면 그저 공상가의 푸념과 헛소리로 여겨졌을 것이다. 그러나 이 문장의 주인공은 혁신적인 기업가로 알려진 테슬라모터스의 CEO 엘론 머스크^{Elon Musk}*였다. 그의 단 두 문장은 곧바로 어마어마한 프로젝트의 시작으로 이어졌다.[1] 바로 LA 외곽에 지하 터널을 만들고 자기장 동력을 이용해 시속 200km로 차량을 운반하는 것이다. 이어 머스크는 직접 터널 굴착 회사인 보링 컴퍼니^{Boring Company}까지 설립했고, 현재 공사를 진행 중이다. 그리고 2018년 12월에는 테슬라의 자동차가 지하 터널을 시험 주행하는 동영상을 공개했다. 이 터널이 실제로 완공되면 LA에서 샌프란시스코까지 30분 만에 이동할 수 있다.

LA의 교통 체증만 지하에 터널을 뚫을 만큼 심각한 것일까? 세계 대부분의 대도시 역시 교통 체증 문제로 골머리를 앓고 있다. 도시로 사람이 모이고 경제 규모가 커지면서 도로 역시 급속히 확장되었지만, 자동차의 폭발적인 증가세를 따라

---

* 엘론 머스크(Elon Musk, 1971~): 남아프리카공화국 출생의 기업가. 공학 기술자인 아버지에게 영향을 받아 어려서부터 컴퓨터 프로그래밍을 독학했으며, 12살에 비디오 게임 코드를 직접 짜서 500달러에 팔기도 했다. 1995년 미국 스탠퍼드대학교 물리학 박사 과정을 이틀만에 자퇴하고 인터넷(Zip2), 금융(PayPal), 우주(SpaceX) 관련 창업 시장에 뛰어들어 잇따른 성공을 거두었다.

잡지는 못했기 때문이다.

　인구수 전 세계 20위권, 등록 차량 약 300만 대인 서울 역시 교통 체증이 일상이다. 또한 명절이나 피서철에는 전국의 고속도로에서 꼬리에 꼬리를 물고 이어지는 자동차 행렬이 반복된다. 우리의 일상과 가까이 있기에 문제가 더 심각한 교통 체증은 왜 일어나는 것일까? 근본적으로 이 문제를 해결할 수 있는 방법은 없는 것일까?

교통도 일종의 흐름이다

불연속적인 점은 개수가 많을수록 연속적인 선과 비슷해진다. 즉 불연속과 연속은 이분법적으로 나눌 수 있는 것이 아니라 일종의 스펙트럼처럼 서서히 변한다. 마치 인간의 언어에서는 무지개를 빨강, 주황, 노랑, 초록, 파랑, 남색, 보라 7가지 색으로 구분하지만 실제로는 뚜렷이 구별되지 않는, 연속적인 빛의 띠인 것과 비슷하다. 마찬가지로 유체도 흔히 기체와 액체로 나뉘지만 정확하게는 밀도에 따라 희박 기체rarefied gas부터 기체, 액체로 이어지며, 희박 기체를 제외한 기체와 액체, 그리고 고체를 묶어 연속체continuum라는 하나의 개념으로 설명하기도 한다. 이처럼 물질의 특성과 현상들은 대부분 편의상 별개의 개념으로 구분하지만 실제로는 연속적이다.

도로 위의 자동차들 역시 불연속적인 점이지만, 차량의 수가 많을수록 연속체인 유체와 유사하게 행동한다. 자동차들이 빠르거나 느리게 이동하고, 촘촘하거나 성글게 존재하

교통의 흐름을 이해하고 체계적으로 분석하기 위해 유체역학 이론이 활용된다.

고, 때로는 정체되는 현상은 각각 유체의 속도, 밀도, 유동 저항의 개념과 상당히 비슷하다. 물 분자와 마찬가지로 앞뒤의 차량이 서로 영향을 주고받기 때문이다. 그뿐만 아니라 병 안의 물을 따를 때 주둥이에서는 물이 천천히 흐르는 병목 현상 bottleneck 처럼 자동차의 행렬도 갑자기 좁아진 도로에서 정체가 일어난다.

이처럼 유체의 흐름과 비슷한 교통의 흐름을 유체역학적 관점으로 바라보게 되면서, 교통류 traffic flow 라는 개념이 생겨났다. 이어 교통 문제를 분석하고 해결책을 찾는 데 유체역학 이론을 적용하기 시작했다. 이를 위해 선행되어야 하는 교통량 측정법 또한 유량을 측정하는 방법과 유사하게 이루어진다. 마치 열전도 방정식 heat conduction equation 과 비슷한 형태의 확산 방정식^{diffusion equation}을 같은 방식으로 푸는 것과 같다.* 휴대용 계수기^{counter}를 이용하여 지나가는 차량을 한 대씩 세는 것처럼 유체에 들어 있는 입자의 흐름을 추적하여 유동의 속도 및 유량을 계산하는 기법으로 입자영상유속계^{Particle Image Velocimetry, PIV}와 입자추적유속계^{Particle Tracking Velocimetry, PTV}가 있다.

이처럼 교통류는 유체의 흐름과 유사한 특성을 가지고 있다. 다만 유체는 항상 압력 차이에 의해 자연스럽게 흐르지만, 교통류는 인위적인 끼어들기와 급제동 등 부자연스러운 움직임으로 인해 약간의 차이가 발생한다.

---

* 수학적으로 유사성(analogy)을 가진 문제를 이미 해를 알고 있는 방정식과 같은 방식으로 푸는 것이다. 예를 들어 매개체를 통해 열이 전달되는 현상을 기술한 열전도 방정식과 어떤 물질이 농도 차이에 의해 퍼져 나가는 현상을 기술한 확산 방정식은 같은 형식이므로 해를 구하는 과정 역시 동일하다.

열전도 방정식 $Q = K \cdot A \cdot \dfrac{dT}{dx}$, 확산 방정식 $Q = D \cdot A \cdot \dfrac{dc}{dx}$

다양한 교통류 모델

앞서 이야기한 대로 자동차와 유체의 흐름은 비슷한 특징을 가지고 있기 때문에 교통 체증 문제를 해결하기 위해 이미 수백 년 전에 정립된 유체역학 이론을 적용한 사례가 많다.

미국 경제학자 프랭크 나이트Frank Knight가 1920년대 처음으로 교통류를 분석한 이후, 1952년 영국 수학자이자 교통 분석가 존 워드롭John Glen Wardrop이 게임 이론의 내쉬 균형Nash equilibrium을 이용해 이론을 발전시켰다. 운전자가 다른 운전자들의 전략을 보고 자신에게 최적인 전략을 선택할 때 그 결과가 결국 균형을 이루어 하나의 교통류를 형성한다는 것이다.

이후 1955년 영국 응용수학자 마이클 제임스 라이트힐Michael James Lighthill은 제자 제럴드 베레스퍼드 휘덤Gerald Beresford Whitham과 함께 유체역학의 파동 이론을 교통류에 적용했다. 그들은 홍수파flood wave와 교통류를 동일한 형태의 비선형 미분 방정식으로 모델링하여 해석하고 고속도로에서 차량

움직임의 예측 불가능성과 좁은 교차로가 막히는 이유를 설명하기 위해 유체역학 이론을 활용하였다.[2]

오스트레일리아 시드니대학교 르 로이 헨더슨 Le Roy Henderson 교수 역시 원래 충격파shock wave 를 연구하던 공학자였다. 1971년 헨더슨은 충격파 이론을 군중 유체crowd fluids 에 적용하여 이를 통계학적으로 분석한 연구 결과를 『네이처』에 발표했다. 군중 속 개개인을 무작위로 움직이는 기체 입자와 동일한 상태로 가정하여 보행 속도 분포를 계산한 것이다.[3]

1990년대에 들어서는 독일 물리학자 카이 나겔Kai Nagel 과 미카엘 슈레켄베르크Michael Schreckenberg 가 새로운 교통류 모델을 제시했다. 일명 나겔-슈레켄베르크 모델Nagel–Schreckenberg model은 차량 밀도가 높아 서로 근접해 있을 때 차량 사이의 상호 작용에 의해 교통 체증이 발생함을 보여준다. 우연한 이유로 앞선 차량 한 대가 순간적으로 브레이크를 밟으면 뒤의 운전자들도 마찬가지로 제동을 걸게 되는데, 이것이 파동처럼 뒤로 계속 전달되어 결국 정체를 유발한다. 이처럼 교통사고와 같은 특별한 사건이 없는데도 도로가 막히는 현상을 유령 체증phantom jams 이라 한다.[4]

한편 소련 태생의 독일 물리학자 보리스 케르너Boris Kerner 는 3상 교통 이론3-phase traffic theory 을 정립하였다. 케르너는 교통 흐름을 크게 3가지로 구분했는데, 차량이 빠르게 달리는 자유 흐름free flow, 적당한 거리를 유지하며 서로 영향을 주고받는 동기화 흐름synchronized flow, 그리고 거의 움직이지 않는 정

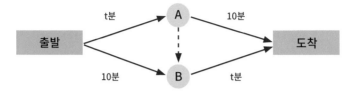

새로운 길이 만들어지면 오히려 이동 시간이 증가할 수 있다는 '브라에스의 역설'

체$^{wide moving jam}$ 단계다. 케르너의 연구 결과에 의하면 차량이 가다 서다를 반복하는 거리가 정체 정도를 결정한다.[5]

이외에도 교통류를 해석하기 위한 여러 방식이 제안되고 있다. 미국 MIT 전기컴퓨터공학과 버솔드 호른$^{Berthold Horn}$ 교수는 가다 서다를 반복하는 교통 정체$^{stop-and-go traffic instability}$의 움직임을 용수철과 댐퍼^{damper}에 연결된 추의 파동과의 유사성을 이용해 해석했다.[6] 또한 독일 만하임대학교 경영정보 및 수학과의 지모네 괴틀리히$^{Simone Göttlich}$ 교수는 앞서 이야기한 교통류 모형을 바탕으로 교통 흐름에 보존 법칙$^{conservation law}$을 적용하여 신호등 최적화에 대한 연구를 수행했다.[7]

공간과 비용을 고려하지 않는다면 정체를 가장 쉽게 해결하는 방법은 새로운 도로를 추가로 건설하는 것이라 생각하기 쉽다. 그러나 이를 반박하는, 기존의 도로망에 새 도로를 내면 오히려 정체가 심해진다는 브라에스의 역설$^{Braess' paradox}$이 등장했다. 1968년 독일 수학자 디트리히 브라에스$^{Dietrich Braess}$가 기존 상식에 반하는 이론을 발표한 것이다.[8] 위 그림처럼 A

에서 B로 가는 도로가 새로 건설되면 대다수의 운전자들이 이 도로로 몰려들어 오히려 더욱 정체되는 현상이 나타날 수 있다는 의미다.[9]

예를 들어 출발 지점에서 도착 지점까지 A와 B를 경유하는 두 갈래의 길이 있는데, 이 길들은 충분히 넓어서 통행량에 상관없이 항상 10분이 걸리는 도로와 폭이 좁아서 통행량에 따라 소요 시간(t분)이 결정되는 도로로 이루어져 있다. 이때 어떤 길로 가더라도 소요되는 시간은 동일하기 때문에 통행량은 두 갈래의 길이 균형을 이루어 t=5라고 가정하면 총 15분이 소요된다. 그런데 A에서 B로 가는 지름길이 새로 건설되면 모든 사람들이 최단 경로라 생각하는 '출발-A-B-도착' 코스를 선택할 것이고, 두 배 늘어난 통행량으로 t=10이 되면 결과적으로 총 20분이 소요되어 기존보다 더 오래 걸리게 된다.

유체의 흐름과 달리 이런 현상은 왜 나타나는 것일까? 답은 간단하다. 앞에서도 유체와 교통의 차이를 간단히 언급했지만 유체에는 뇌가 없기 때문에 그저 자연의 법칙대로 흐른다. 반면 사람은 머리를 써서 도로를 선택하기 때문에 오히려 불합리한 결과를 초래하게 된다. '장고 끝에 악수'를 둔 셈이다. 서로에게 더 유리한 선택지가 있음에도 불구하고 오직 자신만 고려한 선택을 하여 모두에게 불리한 결과가 되는 죄수의 딜레마prisoner's dilemma와도 유사하다. 게임 이론의 내쉬 균형을 이루지 못해 벌어지는 안타까운 결과다.

따라서 해외의 몇몇 도시에서는 기존 도로의 일부를 없애거나 폭을 줄여 교통 상황을 개선하려는 시도가 이루어지고 있다. 우리나라에서는 1999년 보수 공사를 위해 남산 2호 터널을 폐쇄했을 때 근방의 교통량 자체가 줄어 터널 주변 차량의 평균 속도가 오히려 약간 상승했다는 연구 결과도 있다.

참고로 생물학에도 히드라 역설hydra paradox이라는 유사한 효과가 있다. 히드라는 그리스 신화에 등장하는 머리가 9개 달린 괴물이다. 농작물에 커다란 피해를 주는 히드라를 퇴치하기 위해 머리를 하나 자르자 그 목에서 2개의 머리가 자라났다는 이야기가 전해진다. 이처럼 자연 상태에서 특정 생명체의 사망률이 높아지면 오히려 개체수가 늘어나고, 반대로 사망률을 낮추면 개체수가 줄어든다는 이론이 히드라 역설이다. 이는 사회학적으로도 의미를 가지는데, 특정 불법 웹사이트를 차단할 경우 그와 유사한 웹사이트가 여러 개 생겨나는 현상을 설명하는 데 이용된다.

교통 체증을 줄이는 방법

자동차가 필수품이 된 현대 사회에서 교통 정체는 현대인에게 매우 큰 스트레스다. 차량이 많지 않던 시절에는 별다른 개선이 필요하지 않았지만 21세기 내내 자동차의 수는 기하급수적으로 증가했다. 이와 함께 차량 흐름의 분석과 다양한 교통류 모델, 그리고 이에 대한 해결 방법이 제시되었지만 자동차 수의 폭발적인 증가세를 따라잡기에는 역부족이었다. 특히 도심 내에서 발생하는 교통 체증은 아직까지도 해결되지 않은 과제다.

따라서 자동차 흐름 개선을 위한 여러 방법들이 꾸준히 제안되고 적용 중이다. 그중 가장 기본적인 계획 도로 건설은 3장 '의학 속 흐름'에서 자세히 이야기할 동맥경화 시술법과도 유사하다. 협소한 도로의 확장 공사는 좁아진 혈관을 넓히는 스텐트 stent 삽입술, 주변으로 돌아가는 도로 건설은 우회술 bypass 의 원리로 설명이 가능하다.

우버에 따르면 아시아 지역에서는 1인당 하루 평균 52분의 교통 체증을 겪는다.

몸안의 혈액이 원활히 순환하지 않으면 질병이 생기듯 도로가 꽉 막히면 도심이 마비된다. 그렇다면 도시의 건강 문제를 해결해 줄 여러 치료법은 무엇이며, 유체역학과는 어떤 연관성이 있는지 자세히 알아보자.

혼잡 통행료

인간에게 시간과 돈은 한정된 재화로 대부분의 경우 상호 교환이 가능하다. 특히 교통에서 시간과 돈은 대표적인 균형 관계trade-off다. 쉽게 말해 돈을 써서 시간을 단축시킬 수 있고, 반대로 시간을 투자하면 돈을 아낄 수 있다. 예를 들어 KTX는 비싸지만 빠르고, 무궁화호는 저렴하지만 느리다. 비행기도 일반적으로 목적지까지 오랜 시간이 걸리는 경유 노선의 가격이 저렴하고 빨리 도착하는 직항 노선은 가격이 비싸다. 이러한 원리를 이용한 것이 바로 혼잡 통행료congestion pricing다.

미국 하버드대학교 경제학과 그레고리 맨큐Gregory Mankiw 교수가 쓴 경제학 원론의 바이블 『맨큐의 핵심경제학』에 따르면 경제학자들은 도로라는 공유 자원의 효율적인 분배를 위해 다른 사람에게 불편을 끼치는 만큼의 대가, 즉 혼잡 통행료의 필요성을 주장했다.[10]

교통량을 억제하기 위한 수단으로서의 혼잡 통행료는 1975년 싱가포르가 처음 도입했다. 이후 노르웨이 베르겐지, 미국 뉴욕, 프랑스 파리 등 교통량이 많은 도심 위주로 혼잡 통행료를 받고 있다. 우리나라는 1996년부터 평일 오전 7시~오후 9시까지 남산 1, 3호 터널을 통과하는 2인 이하 탑승 차량에 2,000원의 혼잡 통행료를 부과하고 있다. 하지만 서울연구원의 연구 결과에 의하면 혼잡 통행료 제도의 시행 초기에는 통행량이 다소 감소했으나 점차 그 효과가 줄어들고 있다고 한다.[11]

혼잡 통행료를 반대하는 입장은 풍선 효과balloon effect를 이야기한다. 이는 마치 풍선의 한쪽을 누르면 다른 부분이 부풀어오르듯 어떤 현상을 해결하기 위해 취한 조치가 예상치 못한 문제로 인해 결과적으로 별다른 효과가 없게 되는 정책을 말한다. 혼잡 통행료로 인해 그 구간의 통행량은 일부 감소할 수 있지만, 그만큼 주변 도로의 정체를 야기할 수도 있다는 의미다.

교통 신호 체계

녹색불이면 통과하고 빨간불이면 멈춘다는 단순한 법칙에도 불구하고 불규칙적인 통행량과 차량 간 또는 보행자와의 수많은 조합으로 인해 교통 신호 체계traffic signal system는 매우

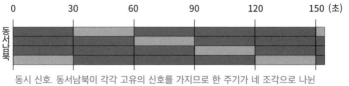

동시 신호. 동서남북이 각각 고유의 신호를 가지므로 한 주기가 네 조각으로 나뉜다. 네 조각 중 셋은 적색 신호이므로 차량 대기 시간이 길다.

비보호 좌회전. 동서와 남북이 신호를 공유하여 한 주기가 두 조각으로 나뉘므로 동시 신호에 비해 대기 시간이 짧다.

복잡하다. 모든 사람에게 만족스러운 신호 체계를 구축하는 것은 현실적으로 불가능하기 때문에 대다수의 사람들이 덜 불편하도록 최적화하는 공리주의utilitarianism적 방법이 최선이다.

사거리에서 한 차로씩 녹색 신호를 받는 동시 신호는 가장 간단한 방식이다. 하지만 본인의 차례가 4번의 신호마다 돌아오므로 그리 효율적이지 않다. 평균 75%의 확률로 대기해야 하기 때문이다.

그래서 개선된 신호 체계가 비보호 좌회전이다. 녹색불일 때 반대편에서 오는 차량이 없다면 눈치껏 좌회전을 할 수 있는 방식이다. 동시 신호와 비교해 녹색불이 두 배 길기 때문에 어느 정도의 사고 위험성에도 불구하고 통행량이 적은 도로에서는 매우 효율적이다. 하지만 말 그대로 비보호이기 때문에 사고가 났을 경우에는 좌회전한 운전자에게 그 책임이 있다.

한편 모든 도로는 연결되어 있기 때문에 근접한 신호등끼리 유기적으로 작동하도록 만드는 것은 매우 중요하다. 각 신호등이 개별적으로 작동하는 것이 아니라 서로 영향을 주고받는 연동 신호 체계를 구성하는 것이다. 인접한 교차로 사이의 신호 간격을 적당히 조절하면 대기 시간을 최소화 할 수 있다. 가능하면 한 번 직진 신호를 받은 차량이 제한 속도 내에서 주행할 경우 빨간불 신호를 받지 않고 계속 주행할 수 있도록 하는 식이다. 하지만 어린이 보호구역 등에서는 의도적으로 신호 주기를 비틀어 차량의 주행 속도를 줄이기도 한다.[12]

회전 교차로

사거리에서의 비효율적인 신호 체계를 극복하기 위해 제안된 방식이 회전 교차로roundabout다. 1960년대 영국에서 시작된 회전 교차로는 국내에도 도입되어 최근 꾸준히 증가하고 있다. 교통량이 많지 않은 사거리의 중심부에 교통섬traffic island을 두어 차량이 섬 주변을 반시계 방향으로 돌아가도록 만든 길이다. 물론 이때도 원칙이 있는데, 이미 회전하고 있는 차량에게 우선권이 있으며 새로 진입하는 차량은 후순위다.

신호에 의해 움직이는 십자 교차로가 차의 흐름을 인위적으로 통제한다면 회전 교차로는 자연스러운 흐름에 가깝다. 개울물이 흐르다가 돌멩이를 만나면 그 옆으로 둘러가는 식이다.

회전 교차로는 오래전부터 존재하였던 로터리rotary와 유사한데, 반경이 로터리보다 작아 차량의 속도가 느려지고 그

통행량이 적은 사거리의 회전 교차로는 교통 흐름을 개선하는 데 큰 역할을 한다.

에 따라 사고 위험도 줄어든다. 실제로 회전 교차로에서의 통행 시간은 약 26% 단축되고 사고 건수 역시 44% 줄었다는 연구 결과가 있다.[13] 또한 신호등 설치비 및 작동에 필요한 전기료와 유지 보수 비용 역시 절감되며, 강제적인 신호 대기가 사라져 연료 소모와 배기가스도 감소한다는 부수적 효과도 있다. 이 같은 장점으로 인해 기존의 십자 교차로가 회전 교차로로 점차 전환되는 추세다.

입체 교차로

십자 교차로와 회전 교차로가 평면에서의 교통 흐름을 제어한다면, 이를 입체적으로 해결한 대표적인 사례가 고가 도로 overpass 와 나들목interchange 이다. 그러나 경제 성장의 상징으로 1970년대 활발히 준공된 서울의 고가 도로는 2000년대 들어 노후화로 인한 안전 문제와 도시 미관 개선을 이유로 다수 철

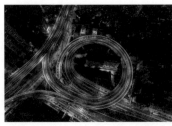

입체 교차로는 2차원 평면에서의 교통 문제를 3차원 공간에서 해결한 사례다.

거되어 역사 속으로 사라지고 있다. 지상의 고가 도로 외에 지하 차도 역시 입체 교차로의 한 예다. 지하 차도는 막대한 건설 비용이 들지만 고가 도로의 단점을 대부분 보완할 수 있다.

한편 나들목은 나가고 들어가는 길목이라는 뜻으로 주로 고속도로에 진입하는 구간에서 볼 수 있다. 도로의 모양에 따라 트럼펫형, 클로버형, Y자형, 회전형, 다이아몬드형 등이 있으며 각 지역 및 교통의 특성을 고려하여 건설된다. 평면상에서 자동차끼리의 피할 수 없는 교차점을 제거하여 기능상으로는 매우 효율적이지만 필요한 토지가 넓고 구조물의 수가 많아 건설비가 많다는 단점이 있다.

인체의 수많은 혈관들이 한 평면 위에 존재한다면 각 신체 부위에 적절한 혈액 공급이 어려울 것이다. 마찬가지로 입체 교차로는 복잡하게 얽히고설킨 혈관의 모양새와 유사하여 차량을 전국 각지로 원활히 공급하는 역할을 한다.

지하철 개찰구와 병목 현상

출퇴근 시간에 흔히 볼 수 있는 정체는 도로에만 있는 것이 아니다. 도심지 출퇴근길의 지하철 개찰구는 무척 붐빈다. 일종의 교통 체증이다. 따라서 영화관과 지하철같이 좁은 공간에서 군중의 움직임을 해석하는 연구가 활발히 진행 중이다. 1장에서 이야기한 전산유체역학 기법 중 하나인 DEM Discrete Element Method 유동 해석 알고리즘을 이용해 병목 구간에서의 여객 움직임과 다른 여객과의 충돌을 피하는 움직임을 모사한 연구도 있다.[14]

이 연구는 넓은 공간에서 좁은 구역으로 진입하는 다양한 사례에 적용이 가능하다. 예를 들어 공연장이나 프로야구 경기가 끝난 뒤 출구로 급속히 몰려드는 관중이나 출퇴근 시간 지하철 개찰구를 통과하는 승객들의 움직임도 해석이 가능하다. 이를 통해 어느 지점에 몇 개의 출구를 설치하는 것이 가장 효과적인지 알 수 있다.

밀집한 군중의 움직임은 유체의 흐름과 유사한 경향이 있다.

　또한 이러한 연구는 단순히 효율성뿐 아니라 사고 발생 시 안전 문제와도 직결된다. 비상구의 위치 및 피난 소요 시간을 결정하는 데 중요한 역할을 하기 때문이다. 연속된 흐름으로 유량이 항상 일정할 때는 베르누이 원리Bernoulli's principle에 의해 좁은 구간에서 오히려 속도가 빨라지지만, 압력이 가해지지 않는 경우에는 병목 현상이 나타난다.[15]

　독일의 컴퓨터과학자 더크 헬빙Dirk Helbing은 사람들 사이에 상호 작용하는 사회적 힘social force이라는 개념을 도입해 보행자들의 움직임을 해석하였다. 앞서 이야기한 대로 출구가 작은 공간에 군중이 몰렸을 때에는 서로 빨리 가려고 서두르는 경우보다 적절한 속도를 지켰을 때의 통과 속도가 더 빠르다. 해마다 400만 명 이상의 순례자가 몰리는 무슬림의 순례

행사에서는 항상 크고 작은 사고들이 발생했는데, 2007년 헬빙의 연구 결과를 적용하여 일방통행 도로를 정한 후 순례자들의 흐름을 제한하고 분산시키자 사고가 일어나지 않았다.[16]

정체 현상은 산업공학의 대기 행렬 모형 queueing model 과도 깊은 연관이 있다. 이 이론을 통해 손님이 대기 행렬에 도착하여 대기한 후 서비스를 받게 되기까지의 과정에 대한 확률적 분석이 가능하다. 이는 현재 시스템의 평균 대기 시간과 대기 행렬의 추정, 서비스의 예측 등을 측정하는 유용한 도구가 될 수 있다.

개미 굴 파기와 파레토 법칙

앞서 이야기한 교통류와 비슷한 현상은 생태계에서도 찾아볼 수 있다. 불개미들은 굴을 팔 때 30%의 불개미가 70%의 작업을 담당한다. 일부 직원이 대다수의 일을 수행하는 현상을 뜻하는 사회과학의 파레토 법칙Pareto principle 과도 유사하다.

그러나 여기에는 놀라운 이야기가 한 가지 더 숨어 있다. 최근 발표된 논문에 의하면 과학적으로 효율적인 작업을 위해 구성원 전체가 아닌, 구성원의 일부만 참여하는 것이 더 바람직한 경우가 있다는 사실이 밝혀졌다. 이는 앞서 설명한 병목 현상이 나타나지 않도록 개미들이 알아서 조절한다는 의미이기도 하다.

미국 조지아공대 물리학과의 다니엘 골드만Daniel Goldman 교수는 식별을 위해 특정 불개미에 페인트로 색을 칠한 후 이들의 활동을 분석했다. 그 결과 불개미가 굴을 팔 때 30%의 불개미가 대부분의 작업을 하고 나머지 불개미들은 휴식을 취

개미들은 학습하지 않고도 매우 효율적인 방식으로 작업을 수행한다.

한다는 사실을 발견했다. 그리고 열심히 일하는 불개미들을 제거하자 다시 남은 불개미의 30%만 작업을 수행하는 것을 볼 수 있었다. '사공이 많은 배가 산으로 간다'는 속담처럼 제한된 공간에서 모든 불개미가 작업에 참여하는 것보다 일부 개미만 열심히 일하는 경우가 더 효율적이기 때문이다.[17]

골드만은 불개미의 행동 양식이 다른 분야에도 적용되는지 확인하기 위해 좁은 통로에서 소형 로봇들의 움직임을 관찰했다. 그 결과 불개미와 마찬가지로 로봇의 일부만 작업을 수행할 때 능률이 더욱 향상됨을 확인했다. 폐쇄된 공간에서 화재와 같은 비상 사태가 발생했을 때 모든 사람이 동시에 빠져나가려 하면 서로 엉키어 시간이 지체되는 것과도 같은 원리다.

이 연구 결과는 각종 재난 발생 시 협소한 현장에 투입될 로봇이나 미래에 혈관 내 치료를 위해 투입될 나노 로봇의 작업 효율성을 올리는 데에도 응용될 수 있다. 또한 향후 교통 정체 문제를 개선하는 알고리즘에도 적용될 것으로 기대된다.

미래로 가는 길

최근 전 세계적으로 활발히 연구 중인 무인 자동차는 자율 주행self-driving을 하기 때문에 교통 흐름 개선에도 도움이 된다. 운전자가 임의로 행하는 끼어들기나 급제동이 없기 때문이다. 이는 교통의 흐름이 유체의 자연스러운 흐름 특성과 더욱 유사해짐을 의미한다.

일본 자동차 회사 도요타는 영국의 앨런 튜링 연구소와 공동으로 인공 지능을 이용한 최적의 교통 흐름을 찾는 연구를 진행 중이다. 이로써 완벽한 자율 주행이 가능해지면 기존의 도로와 동일한 조건에서도 교통 정체 문제는 상당 부분 해결될 것이다.

이러한 연구들은 궁극적으로 통신 및 컴퓨터 제어 기술을 이용하여 실시간으로 교통 정보를 수집 및 분석하고, 이를 통해 운전자에게 최적화된 환경을 만들어주는 방향으로 나아가고 있다. 이것이 바로 간단히 ITS라 부르는 지능형 교통 체계Intelligent Transportation Systems다. 앞서 살펴본 대로 교통 체증은 인간의 완벽하지 않은 운전 방식으로 인해 발생하는 부분이 크다. ITS는 교통 안전과 교통 효율성이라는 두 마리 토끼를 잡기 위해 수많은 교통 정보를 통합하여 운전자에게 정보를 제공한다. 여기에 자율 주행 기술까지 더해진다면 훗날에는 더이상 사람이 운전하지 않는 시대가 올 것이다.

어린 시절 누구나 한 번쯤 상상해 봤을 '하늘을 나는 자동차flying car' 역시 세계 각국에서 활발히 연구 중이다. 2017년 독일에서 개발한 '볼로콥터 2XVolocopter 2X'는 시범 운항에서 40분 충전으로 약 30분을 비행했으며 평균 시속 50km를 기록했다. 또 세계 최대 차량 공유 업체 우버는 공유 자동차처럼 스마트폰으로 예약하고, 도심 곳곳의 정거장에서 탑승하는 '우버에어Uber Air'를 개발 중이다. 만일 개발 목표를 달성한다면 2023년부터 미국 도심의 42km 구간을 단 7분만에 주파할 것으로 기대된다. 이처럼 도심의 하늘이 자연스레 열리게 되면 교통 체증의 스트레스로부터 완전히 해방되는 날이 올지도 모른다.

파레토 법칙

부익부 빈익빈은 시장 경제 체제에서 해결해야 할 영원한 숙제다. 국제구호단체 옥스팜^{Oxfam}에 따르면 전 세계 상위 1% 부자가 가진 재산이 나머지 99%의 재산보다 많다고 한다. 이러한 부의 독점에 대한 연구 결과는 100년 전에도 있었다.

1896년 이탈리아 경제학자 빌프레도 파레토^{Vilfredo Pareto}*는 인구의 20%가 땅의 80%를 소유하고 있음을 발표했다. 경제학에서 흔히 '파레토 법칙'이라 부르는 이 이론은 1940년대 초 품질공학자이자 경영 컨설턴트인 조셉 주란^{Joseph Juran}이 이름 붙였다. 이 법칙은 80 : 20으로 나뉘는 다른 현상을 설명하는 데에도 광범위하게 이용되어 '80 대 20 법칙'으로도 불린다. 예를 들어 대부분의 회사에서 20%의 직원들이 전체 업무의 80%를 담당한다는 식이다. 또한 백화점에서는 20%의 고객이 전체 매출의 80%를 올리며, 전체 제품 중 가장 많이 판매되는 제품 20%가 매장 매출의 80%를 차지한다고 알려져 있다.

---

* 빌프레도 파레토(Vilfredo Pareto, 1848~1923): 이탈리아의 경제학자이자 사회학자. 프랑스 파리에서 태어났으나 주로 이탈리아에서 교육을 받았다. 20년 동안 철도 회사의 엔지니어와 관리자로 근무하며 사회를 폭넓게 바라보는 시각을 갖췄다. 관심사 역시 공학에서 경제학으로, 그리고 사회학으로까지 확장되었다. 1893년 스위스 로잔대학교 정치경제학 교수가 되었다.

참고로 언어학에도 비슷한 법칙이 있다. 책에서 자주 사용되는 단어들을 순위대로 나열했을 때, 상위 20%의 단어가 전체 사용수의 80%를 차지한다는 지프의 법칙Zipf's law이다. 미국의 언어학자 조지 지프George Zipf가 여러 책에서 자주 등장하는 단어를 세어 빈도수를 조사한 결과 the가 가장 많았고 다음으로 of, and, to 순이었다. 이는 20%의 단어로 80% 수준의 내용을 구성할 수 있다는 의미다.

3장

의학 속 흐름

건강보다 나은 재산은 없다.

영국 속담

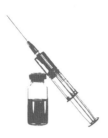

　물과 바람, 그리고 인간 사회에 이르기까지, 세상이 수많은 흐름들로 이루어진 이유는 사실 우리가 사는 지구가 흐름으로부터 시작되었기 때문이다. 즉, 흐름의 역사는 지구의 역사와 궤를 같이 한다.

　최초의 지구는 뜨겁고 커다란 돌덩어리에 불과했다. 그러던 45억 년 전, 지구의 표면이 서서히 식기 시작하면서 대기를 가득 채웠던 수증기는 비가 되어 땅으로 떨어졌다. 움푹 파인 웅덩이들에 빗물이 고이기 시작했는데, 그중 가장 깊고 거대한 웅덩이가 바로 지금의 바다다. 이 웅덩이가 얼마나 거대했는지 바다는 지구 표면의 약 70%를 차지하고 있다. 그래서 한 시인은 드넓은 바다를 바라보며 우리가 살고 있는 이 세상은 우주에 떠 있는 푸른 물방울이며, 그런 이유에서 지구地球를 수구水球라 불러야 한다고 했다.

　지구 최초의 생명체가 탄생한 곳 역시 바다다. 바닷속 여러 원소들이 일종의 반응을 통해 유기물이 되었고, 이 유기물들이 변화하면서 생명체가 만들어진 것이다. 지구상에 인간이 존재할 수 있는 이유 역시 다른 행성에서는 찾아볼 수 없는 물이 있기 때문이다. 이처럼 물은 생명체의 탄생에 핵심적인 역할을 했으며, 동시에 생명체의 생존에 있어 필수적인 요소가 되었다.

생명체의 기원이 바다이기 때문이었을까? 인체 또한 바다와 많이 닮아 있다. 인체의 70%는 물로 이루어져 있는데, 단순히 그 비율만 높은 것이 아니라 유체역학적으로 복잡한 구조를 가진 혈관을 흐르면서 다양한 역할을 수행한다. 물은 기본적으로 세포의 형태를 유지시키고, 세포와 세포 사이를 연결하는 매개체로서의 기능을 수행한다. 또 영양소를 용해한 후 이를 세포에 공급하고, 체내의 노폐물을 체외로 배출하는 역할도 한다.

그렇다면 사람은 물 없이 얼마 동안 살 수 있을까? 기네스북에 의하면 인간이 물을 마시지 않고 가장 오래 생존한 기간은 오스트리아 청년 안드레아스 미하베츠Andreas Mihavecz의 18일이다. 1979년 당시 19살이던 미하베츠는 불미스러운 일로 경찰서 유치장에 갇혔는데, 그의 감금 사실을 까맣게 잊은 경찰 때문에 원치 않는 세계 신기록을 세우게 되었다. 천재지변이나 대형 사고로 인해 고립된 상황이 아니라 실수로 발생한 해프닝이었다. 대부분의 사람은 물 없이 3일만 지내도 생명에 지장이 생길 수 있다.

인체 내부와 외부를 오가는 또 하나의 흐름이자 생명을 유지하는 데 물만큼이나, 어쩌면 그 이상으로 중요한 요소가 하

프리 다이빙에서는 얼마나 숨을 더 오래 참느냐에 따라 얼마나 더 깊이 들어가느냐가 결정된다.

나 더 있다. 바로 공기다. 그렇다면 공기가 없는, 즉 숨을 쉴 수 없는 환경에서 인간은 얼마나 오래 생존할 수 있을까? 일반인의 경우 숨을 참을 수 있는 시간이 대개 1분이고, 관악기 연주자의 경우 2분, 해녀는 3분 수준이라고 알려져 있다. 우리 뇌에 산소가 5분 이상 공급되지 않으면 뇌사 상태로까지 이어질 수 있다.

물론 간혹 예외의 경우들도 있다. 극한 환경에서 대역 없이 직접 촬영하는 것으로 유명한 영화배우 톰 크루즈Tom Cruise는 〈미션 임파서블 5〉 촬영 시 특수 훈련을 받고 물속에서 무려 6분 넘게 숨을 쉬지 않았다고 한다. 이때 뇌를 많이 사용할수록 산소가 많이 소모되므로 가급적 생각을 비우고 마음의 평온을 유지하는 것이 중요하다.

그렇다면 인간이 숨을 가장 오래 참은 기록은 얼마나 될까? 2009년 프랑스의 프리 다이버 스테판 밉서드 Stéphane Mifsud는 프랑스 남부 이에르의 한 수영장에서 지금껏 어느 누구도 해내지 못한 기록을 세웠다. 밉서드는 물속에서 무려 11분 35초간 호흡하지 않은 상태로 있었다. 프리 다이빙 숨 참기 static apnea 분야 세계 챔피언인 밉서드의 폐활량은 일반 성인 남성의 약 2배인 10.5리터로 알려져 있다.

이처럼 인간의 생명력이 아무리 강인하다고 해도 결국 우리는 물 없이 20일, 공기 없이 12분을 넘길 수 없다. 인간은 누구나 태어나서 죽을 때까지 생존을 위해 물을 끊임없이 온몸으로 보내고, 입과 코로 공기를 흡입하여 산소를 몸속 구석구석 전달해야 한다. 사람이 일생 동안 마시는 물의 양은 약 2만리터, 무게로는 20톤이고, 평생 호흡하는 공기의 양은 약 2억 5천만 리터다.

물과 공기가 외부 환경과 인체 내부를 오가는 흐름이라면, 우리 몸 내부에서 이루어지는 흐름도 있다. 바로 혈액이다. 따라서 물과 공기가 통하는 유로 flow channel가 열린계 open system라면, 혈액이 순환하는 혈관은 닫힌계 closed system라 할 수 있다. 출혈이라는 특별한 경우를 제외하면 말이다.

몸안의 혈액은 우리가 잠든 순간에도 24시간 끊임없이 순환한다. 심장에서 나온 혈액은 동맥을 거쳐 모세혈관을 통해 정맥을 지난 후 다시 심장으로 돌아온다. 초당 수십 센티미터의 속도로 동맥을 통과한 혈액은 혈관이 좁아질수록 마찰과 저항으로 인해 속도가 감소한다. 특히 온몸 곳곳에 퍼져 있는 모세혈관의 지름은 불과 5~10μm로 머리카락 굵기의 1/10 수준이다. 참고로 일반 성인의 모세혈관 길이는 총 120,000km 정도로 지구 세 바퀴 거리와 비슷하다.

혈액은 온몸을 순환하면서 산소를 전달할 뿐만 아니라 체온을 일정하게 유지하는 역할을 한다. 36.5℃의 인체는 피부를 통해 외부로 열을 빼앗기는데, 이때 뜨거운 혈액이 우리의 몸을 순환하며 열을 보충한다. 때문에 만일 과다출혈로 체내 혈액량의 30% 이상이 손실되거나 심장이 멈추어 혈액을 보내지 못하면 인간은 5분 안에 사망에 이른다.

이처럼 물과 공기, 그리고 혈액은 우리의 생명 유지에 더할 나위 없이 중요한 요소다. 더 정확히 말하자면 이들의 '흐름'이 우리를 살아있게 한다. 그중에서도 혈액을 중심으로 우리 몸의 흐름에 대해 자세히 알아보자.

혈액은 어떻게 흐를까?

혈액은 우리 몸속에서 어떻게 흐르고 있을까? 쉽게 말하자면 혈류는 배관을 타고 흐르는 물의 흐름과 유사한 점을 가지고 있다. 펌프의 압력으로 배관을 통해 물을 운송하듯이, 심장 박동을 통해 분출된 혈액은 혈관을 타고 신체의 구석구석으로 전달되고 다시 심장으로 되돌아온다. 심장은 펌프, 혈관은 파이프, 혈액은 유체에 해당하는 셈이다. 이러한 유사성을 이용해 인공 심장, 인공 혈관, 인공 혈액 등을 개발하는 연구에 유체역학이 중요한 역할을 하기도 한다.

유체역학 이론을 바탕으로 한 컴퓨터 시뮬레이션을 통해 혈액의 유동을 해석하는 연구가 오래전부터 진행되고 있는 것이 그 예다. 1977년 뉴욕대학교의 찰스 페스킨Charles Peskin이 심장의 혈류를 수치적으로 해석한 논문에 따르면 심장 안에서 혈액 흐름의 패턴은 판막의 성능과 밀접하게 연관되어 있다. 자연 판막과 인공 판막의 차이에 따른 계산 결과가 제시된 이

논문은 현재까지 무려 3,000회 이상 인용되었다.[1]

　이처럼 심장을 중심으로 온몸을 순환하는 혈액의 움직임을 연구하는 학문을 혈류역학hemodynamics 이라 한다. 여기서 'hemo'는 혈액, 'dynamics'는 동역학을 뜻한다. 혈류역학을 처음 체계적으로 연구한 사람은 장 푸아죄유Jean Poiseuille 다. 의사로서 유체역학에도 관심이 많았던 푸아죄유는 1840년 관 안을 흐르는 점성 유체의 유량에 관한 푸아죄유의 법칙Poiseuille's law 을 발표했다. 유량Q 은 관의 반지름r 의 네제곱과 양 끝의 압력차p₁-p₂ 에 비례하고, 관의 길이L 와 유체 점도η 에 반비례한다는 내용의 이 법칙은 혈관을 흐르는 혈액에도 거의 그대로 적용된다.

$$Q = \frac{\pi r^4 (p_1 - p_2)}{8 \eta L}$$

　다만 혈액은 심장 박동에 의해 순환하기 때문에 일정하게 흐르지 않고 파도가 치는 것처럼 주기적인 맥동을 갖는다. 이 현상은 분당 약 60회씩 뛰는 맥박수로 확인할 수 있다. 이러한 맥동 효과pulsating effect 는 혈관의 직경과 점성에 영향을 받는다. 이를 수학적으로 표현한 워머슬리 수α, Womersley number 는 무차원수dimensionless number 의 일종으로 생체유체역학에서 점성 효과에 대한 맥동류 주파수를 나타낸다.

　여기서 무차원수는 과학자들이 다양한 현상에서 나타나는 여러 변수의 상관관계를 간단히 표현하기 위해 만든, 차원이

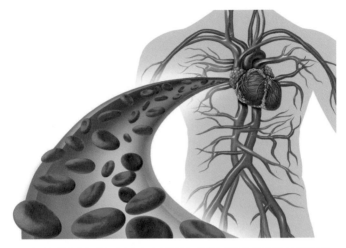

심장에서 나온 혈액은 동맥을 지나 온몸을 순환한 후 정맥을 통해 다시 심장으로 들어간다.

없는 숫자다. 다시 말해 무차원은 단위가 없다는 의미로, 단위를 가진 여러 변수끼리 곱하거나 나누어 차원을 없애면 복잡한 자연 현상을 오직 하나의 숫자만으로 설명할 수 있다.

워머슬리 수는 영국 수학자이자 컴퓨터과학자인 존 워머슬리 John Womersley에 의해 제안되었으며 수식으로는 아래와 같이 표현된다.

$$\alpha = D\sqrt{\frac{\omega\rho}{\mu}}$$

(D는 혈관 직경, ω는 각속노, ρ는 밀도, μ는 점성계수)

워머슬리 수가 갖는 물리적 의미는 다음과 같다. 이 수가 작으면 혈액의 점성이 매우 크거나 혈관의 직경이 아주 작은 상태를 의미한다. 이 경우 혈류가 일정하게 흐르는 정상 상태 steady state 라 가정할 수 있다. 반대로 워머슬리 수가 매우 크면, 즉 혈액의 점성이 매우 작거나 혈관의 직경이 큰 경우 중심부에서의 운동량이 크기 때문에 압력이 갑자기 바뀌면 혈액의 유동이 그에 맞추어 변하지 못하게 된다. 이로 인해 혈액이 출렁거리는 맥동이 발생한다.[2]

한편 1926년 브린모어대학 생물학과 세실 머레이 Cecil Murray 교수는 혈액의 유량이 혈관 직경의 세제곱에 비례할 때 우리 몸이 최소한의 에너지를 사용함을 밝히기도 했다. 이를 머레이의 법칙 Murray's law 이라 하며, 이 법칙을 분지 혈관에 적용하면 각 혈관의 적정 직경을 계산할 수 있다. 분기 직전 혈관 직경 D 의 세제곱은 분기 직후 두 혈관 직경 D_1, D_2 의 세제곱의 합과 동일하다.[3]

$$D^3 = D_1{}^3 + D_2{}^3$$

머레이의 법칙은 혈액 유동뿐만 아니라 네크워크 구조에서 일어나는 어떤 흐름에라도 통용되는 이론이기도 하다. 예를 들어 동물의 호흡 기관, 식물의 물관, 각종 구조물에서의 확산 현상에도 머레이의 법칙이 동일하게 적용된다.

이처럼 혈액 유동을 제대로 연구하기 위해서는 의학과 유체역학 지식을 두루 갖추어야 한다. 융합 학문이 한창 붐을 이루던 2001년, 국내에도 공학자와 의학자가 힘을 모아 순환기 의공학회를 창립하였다. 현재도 이 학회를 중심으로 순환기 질환 관련 임상 연구와 혈액 관련 혈류역학, 혈유변학, 그리고 의료정보계측 및 의료 영상 분석, 의료 기기에 대한 연구가 활발히 진행 중이다.[4]

피는 물보다 진하다

혈액의 흐름에 대한 연구가 국내외적으로 활발히 이루어지고 있는 데에는 그만한 이유가 있다. 적은 양의 혈액으로부터 다양한 정보를 얻고 비교적 간단히 우리 몸의 상태를 확인할 수 있기 때문이다. 병원에서 건강 검진을 받을 때 반드시 수행하는 과정 중 하나가 혈액 검사인 것도 이와 같은 이유에서다.

혈액은 점도가 높은 편이기에 이러한 특성을 반영한 혈액 점도 검사blood viscosity test 역시 매우 중요한 항목으로 활용된다. 혈액 내 적혈구 수와 변형도 그리고 각종 단백질 수치에 따라 점도가 달라지는데, 이를 분석하여 여러 혈관 질환을 예방하고 치료할 수 있기 때문이다.

그렇다면 혈액의 점도는 얼마나 될까? '피는 물보다 진하다'라는 속담은 가족 또는 혈육 간의 깊은 정을 나타낸다. 영미권에도 'Blood is thicker than water'라는 동일한 표현이 있다. 여기서 진함thick의 의미를 과학적 관점에서 살펴보면 걸쭉

물질	점도(cP)
공기	0.018
물(20℃)	1
우유	2
혈액	10
올리브 오일	50~80
꿀	2,000~3,000
케첩	50,000~100,000
땅콩 버터	150,000~250,000
역청	230,000,000,000

물질의 종류에 따라 점도는 수 배에서 수만, 수억 배까지 차이가 난다.

하고 끈끈한 성질, 즉 점성 viscosity 이 강함을 뜻하는데 실제로 혈액의 점성은 10cP로 물보다 10배 이상 강하다.

참고로 viscosity는 라틴어 viscum 겨우살이 에서 유래했는데, 덩굴과 식물인 겨우살이를 자르면 끈적끈적한 점액질의 수액이 나오기 때문이다. 점도의 측정 단위는 주로 cP centipoise 를 사용하는데, centi는 centimeter에서와 마찬가지로 100분의 1을 뜻하고, poise 포아즈 는 점도의 단위를 처음 제안한 혈류역학의 창시자 푸아죄유로부터 유래했다.

혈액이 적당한 점도를 가지지 않을 경우 중대한 문제가 발생하기도 한다. 일반적으로 작은 상처로 인해 피가 조금 나면 별도의 처치를 하지 않아도 점성을 가진 혈액은 얼마 지나지 않아 응고된다. 그런데 만일 혈액 속에 응고 인자가 없으면 혈액이 굳지 않는 혈우병 hemophilia 으로 인해 생명에 위협을 받을 수 있다. 혈액이 물처럼 묽어서 멈추지 않고 혈관 밖으로 계속 분출되기 때문이다.

하지만 반대로 점도가 지나치게 높을 경우에도 심각한 문제를 일으킬 수 있다. 혈관 안에서 혈액이 응고되면 원활한 혈액 순환을 방해하여 건강을 위협하기 때문이다. 혈액 점도 검사는 혈액이 끈끈해지는 과점도 증후군hyperviscosity syndrome 상태를 파악하는 데에도 활용된다.

혈액의 점도를 검사할 때 주의해야 할 점이 하나 있다. 사람에 따라 차이는 있지만 일반적으로 혈액의 40%는 적혈구로 이루어져 있다. 이로 인해 혈액이 좁은 혈관을 지날 때에는 벽면 효과wall effect 로 적혈구들이 혈관 벽에 부딪치면서 중심으로 이동하게 된다. 이처럼 적혈구가 벽면 근처에는 별로 없고 중심으로 몰리면 유동의 저항이 작아지고 마치 혈액의 점성이 감소한 것과 유사한 현상이 나타나는데, 이를 포레우스-린드크비스트 효과Fahræus-Lindqvist effect 라 한다.

이 효과는 1930년대 스웨덴 병리학자 로빈 포레우스Robin Fahræus 와 내과 의사 토슨 린드크비스트Torsten Lindqvist 에 의해 보고되었으며, 혈액이 직경 0.3mm 이하의 혈관을 흐를 때의 점도가 혈액 중 액체 성분인 혈장plasma 과 비슷한 수준으로 나타나는 현상이다. 다시 말해 점도가 실제 혈액의 점도보다 낮게 측정된다. 따라서 혈액의 점도를 측정하는 관의 직경은 반드시 0.3mm보다 커야 한다.[2]

모든 유체의 흐름이 압력에서 기인하듯이, 혈류에 있어 점도만큼이나 중요한 요소는 혈압이다. 따라서 신체검사를 받을 때 대부분 기본적으로 혈압을 측정한다. 혈압이 지나치게 높으면(수축기 혈압 140mmHg 이상 또는 이완기 혈압 90mmHg 이상) 고혈압 hypertension 으로 뇌졸중, 심근경색, 부정맥 등의 위험이 있고, 반대로 혈압이 정상 수치보다 낮으면(수축기 혈압 90mmHg 이하 또는 이완기 혈압 60mmHg 이하) 저혈압 hypotension 으로 어지러움, 두통, 무기력증이 나타날 수 있다.

그렇다면 혈압은 어떻게 측정하는 것일까? 혈압계 sphygmomanometer 에서 팔에 두르는 커프 cuff 에 압력을 점점 세게 가하면 어느 순간 맥박에 의한 소리가 들리지 않는다. 이때 서서히 커프의 압력을 낮추면 미세한 소리가 들리기 시작하는데, 이 순간의 압력이 수축기 혈압이다. 그리고 계속해서 압력을 낮추면 다시 소리가 끊기는 순간이 나타나는데, 이때의 압력이 이완기 혈압이다.

이 원리는 1905년 러시아 의사 니콜라이 코로토코프 Nikolai Korotkov 에 의해 발명되어 앞서 이야기한 소리를 코로토코프 음 Korotkoff sounds 이라 한다. 이처럼 혈압의 측정에는 매우 작은 소리도 대단히 중요한 역할을 한다. 혈압을 잴 때 '아무 말도 하지 말고 움직이지도 말라'는 경고도 이러한 이유에서다.

칩 위의 연구실, 랩온어칩

혈액은 우리 몸의 상태를 비교적 정확히 나타내 주는 지표로 활용된다. 그런데 기존의 혈액 검사 방법은 상당한 비용과 오랜 시간이 소요된다. 병원에 직접 방문하여 혈액을 채취하고, 이를 여러 개의 커다란 장비에 넣고 분석하는 일련의 과정이 필요하기 때문이다.

이런 불편을 개선하기 위해 당뇨 환자용 혈당 체크기처럼 혈액 분석을 간소화하기 위한 연구가 계속되었다. 그 결과 미세전자기계시스템MEMS 기술을 이용한 칩 위의 연구실, 일명 랩온어칩Lab-on-a-Chip 이 탄생했다. 랩온어칩은 손톱만한 크기의 칩 위에 혈액 한 방울을 떨어뜨려 각종 약물과의 반응을 실시간으로 분석하는 장치다.

MEMS는 수십 년 사이 급속히 발전한 반도체 기술을 기반으로 한다. 반도체에 사용되는 산화oxidation, 노광photolithography, 식각etching, 증착deposition 공정을 활용해 MEMS 장치를 만들

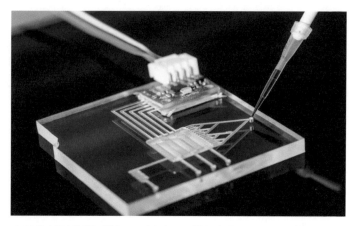

바이오칩의 일종인 랩온어칩은 극소량의 시료로 실험을 진행할 수 있는 차세대 진단 장치다.

기 때문이다. 이 기술을 통해 커다란 실험실을 수만 분의 일 크기로 축소시킨 정교한 칩을 설계하고 제작할 수 있게 된 것 이다.

랩온어칩에도 유체역학이 활용되는데, 그중에서도 미세유 체역학microfluidics 이론이 활용된다. 랩온어칩 위의 혈액과 약 물을 원하는 위치로 이동시키기 위해 소량의 액체를 운송, 제 어하는 기술에 미세유체역학이 기여한 것이다. 미세유체역학 을 기존의 유체역학과 별도의 학문으로 구별한 이유는 머리카 락 굵기의 미세한 유동은 거시적 유동 현상과는 전혀 다른 특 성을 지니고 있기 때문이다.

인간이 생활하는 미터 단위에서는 중력이나 부력처럼 길 이의 세제곱에 비례하는 힘이 지배적이지만 밀리미터 단위에서는 길이에 비례하는 표면장력의 영향이 훨씬 더 강력해진다. 다시 말해 길이가 1/10이 되면 중력과 부력은 1/1000로 감소하지만, 그에 비해 표면장력은 1/10로 감소한다. 애니메이션 〈개미〉에서 개미가 물방울에 갇혀 밖으로 탈출하지 못한 이유도 이와 마찬가지다. 사람보다 훨씬 작은 개미의 힘보다 물방울의 표면장력이 더 크기 때문이다.

또한 공상과학 영화에 등장하는, 혈관 속을 이동하는 잠수함의 개발이 어려운 이유도 동일하다. 바닷속 잠수함을 그 모양 그대로 작게 만들면 되는 것이 아니다. 크기가 작아질수록 이에 따른 점성 효과가 훨씬 커지기 때문에 크기를 고려한 상대적인 추진력은 상상할 수 없을 정도로 커져야 한다. 또한 물보다 혈액의 점성이 10배 강하다는 점까지 감안한다면 사실상 제작이 불가능하다.

따라서 밀리미터보다 작은 공간에서 유체를 원하는 대로 이동시키는 방식은 압력을 이용한 기존의 유체 이송 방식과는 전혀 다르다. 순간적으로 유체에 전압을 가하거나 electro-wetting, 유체가 흐르는 관에 화학 물질을 코팅 chemical coating 하는 방법으로 표면장력을 변화시켜 유체를 이동시키는 방식이 효과적이다.

혈관은 어떻게 막히는가?

혈액 그 자체를 분석하는 것으로 우리 몸의 건강을 알아보기도 하지만, 건강을 확인하는 또 다른 지표 중 하나는 혈액의 흐름이다. 특히 파이프 역할을 하는 혈관에 문제가 생길 경우 혈액의 흐름이 자연스럽지 못하게 되는데, 이렇게 혈관 내 유동으로 인해 발생하는 질병 중 가장 대표적인 것이 동맥경화다.

인체에서 가장 굵은 혈관인 동맥에는 혈액을 전달하는 목적 이외의 기능이 한 가지 더 있다. 맥동 에너지를 흡수하여 저장하였다가 전달하는 기능이다. 이때 혈관이 탄성을 가지고 있어야 에너지를 제대로 흡수할 수 있다. 만일 혈관이 탄성을 잃고 단단한 형태를 유지한다면 에너지를 흡수하지 못하고 단순히 혈액을 전달하는 기능만 하게 되는데, 이것이 동맥경화 arteriosclerosis 다.

혈관에 미세한 상처가 발생하면 자기 치유 과정 self healing

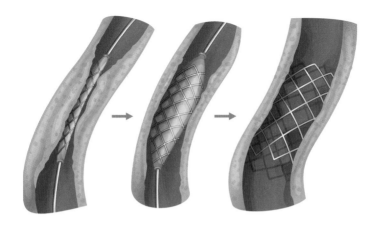

동맥경화로 좁아진 혈관을 다시 넓히는 스텐트 수술이 널리 시행된다.

process 으로 인해 벽을 더욱 단단하게 만든다. 세포 입장에서만 보면 스스로를 지키는 합당한 반응이지만 혈관 전체적으로 보면 혈액의 흐름을 방해하는 불행한 일이다. 이렇게 동맥경화가 진행되면 혈관 벽에 플라크plaque 가 형성되고, 이것이 점점 자라서 혈관이 좁아지다가 결국 막히게 된다.

그렇다면 동맥경화의 치료에는 어떤 방법이 쓰일까? 좁아진 혈관을 개선하여 혈액을 원활히 공급하기 위한 방법으로 스텐트 수술법stent surgery 과 우회 수술법bypass surgery 이 있다.

스텐트 수술법은 얇게 접힌 스텐트라 부르는 망을 좁아진 혈관에 넣고, 풍선을 이용해 스텐트를 펼쳐 혈관을 다시 넓히는 수술법으로 현재 가장 많이 사용되는 치료법이다. 이 수술법은 수술 자국이 남지 않는다는 장점이 있지만 스텐트의 내부가 다시 좁아져 증상이 재발할 위험성이 있다. 스텐트의 재질로는 인체에 적합한 고분자 화합물이나 금속이 사용되는데, 최근에는 시술 6개월 후부터 녹기 시작하여 3년 후에는 모두 체내에 흡수되는 생체 흡수형 스텐트가 개발됐다.

만일 관상동맥의 협착이 여러 부위에서 발생했을 경우에는 일일이 스텐트 수술을 하기 어려우므로 상대적으로 덜 중요한 혈관을 잘라 관상동맥을 둘러갈 수 있도록 혈관을 조성한다. 2장에서 언급한, 차가 막히는 도로 주변에 새로운 도로를 만들어 교통 흐름을 원활히 하는 것과 유사한 원리다.

이러한 우회 수술법은 1960년대 미국 심장 전문의 마이클 드베이키Michael DeBakey*에 의해 개발됐다. 드베이키는 88세의 나이로 러시아 초대 대통령 보리스 옐친Boris Yeltsin의 심장 수술을 성공적으로 집도하기도 했다. 이 수술법은 수술 후 상처가 남지만 여러 막힌 혈관을 한 번에 해결할 수 있다는 장점이 있다. 반면에 수술 비용이 상당하며 사망률도 비교적 높은 편이어서 최후의 수단으로 이용된다.

한편 죽상동맥경화atherosclerosis는 일반적인 동맥경화와는 달리 ㅡ자 혈관이 아닌 Y자 분지 혈관에서 발생한다. 분지 혈관의 단면적이 넓어지는 부위에서 혈액의 유속이 감소

---

* 마이클 드베이키(Michael Ellis DeBakey, 1908~2008): 미국의 심장 혈관 전문의. 1930년대 툴레인대학교 의과대학 재학 중 혈액을 순환시키는 롤러 펌프(roller pump)를 발명했다. 또한 의사로 75년 넘게 활동하며 우회 수술법으로 6만 명 넘는 환자의 수술을 집도했다. 1969년 대통령 자유 훈장을 비롯하여 총 36개의 명예 학위를 받았다.

하고 유동은 불안정해진다. 이때 혈액이 소용돌이치는 재순환recirculation 이 발생하며 내피 세포에 큰 상처를 만든다. 즉 혈액의 와류vortex 가 심해 혈관벽이 혈류에 의해 손상되면 꽈리처럼 부풀어오른다. 그리고 혈관이 마치 대나무 모양으로 굳는데, 이를 죽상동맥경화라 한다. 발생 원인은 다르지만 죽상동맥경화 역시 동맥경화처럼 결과적으로 혈관이 막히는 증상을 보이며, 치료법으로 스텐트 수술법과 우회 수술법이 주로 사용된다.

동맥경화와 죽상동맥경화는 매우 느리게 진행되는 질환으로 뇌, 심장, 신장 등 주요 장기의 말초 혈관에 합병증을 초래한다. 따라서 질병으로 발현되기 전까지는 증상이 나타나지 않으므로 운동과 금연을 통해 콜레스테롤과 혈압을 관리하는 것이 중요하다.

인체 내 공기 흐름, 호흡

혈류가 인체 내부를 지속적으로 순환하는 흐름이라면, 호흡은 외부의 공기를 인체 내부로 운송시킨 후 다시 밖으로 내보내는 흐름의 반복이다. 공기는 우리의 몸에서 어떻게 순환할까? 먼저 입과 코로 흡입한 공기는 기도^{airway}를 거쳐 폐로 전달된다. 폐의 부피는 4L에 불과하지만 그 구성 단위인 폐포^{alveolus}는 약 3억 개에 달하며, 전체 표면적은 약 $100m^2$로 농구장 면적의 1/4에 해당한다. 사람 피부의 총면적이 불과 $2m^2$밖에 되지 않는 점을 생각하면 놀라운 수치다.

이렇게 넓은 폐포의 표면을 통해 산소와 이산화탄소는 농도 차이에 의해 자연스레 확산된다. 외부로부터 유입된 산소는 폐포에서 모세혈관으로, 체내의 이산화탄소는 모세혈관에서 폐포로 이동한다. 그리고 폐포로 이동한 이산화탄소는 다시 기도를 통과해 날숨과 함께 밖으로 배출된다.

이 같은 자연스러운 호흡 과정이 어떠한 이유로 인해 어

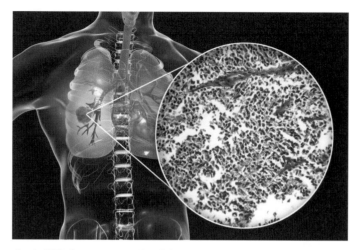

폐포의 지름은 약 0.1~0.2mm로 매우 작지만 놀라울 정도로 넓은 표면적 덕분에 효과적인 호흡이 가능하다.

긋나면 딸꾹질hiccup을 하게 된다. 그렇다면 딸꾹질의 원인은 무엇일까? 일반적으로 횡격막이 수축하면 흉강이 넓어지고 폐가 확장되면서 공기가 들어온다. 만일 음식물을 급하게 삼키는 등의 이유로 횡격막이 갑작스러운 자극을 받아 수축하면 성대가 닫히면서 순간적으로 정상적인 호흡을 할 수 없는데, 이때 딸꾹질이 나오는 것이다. 따라서 딸꾹질을 멈추려면 혈중 이산화탄소 수치를 높이거나 횡격막 신경을 자극해줘야 한다. 구체적으로 약 30초 정도 숨을 참거나 컵에 입을 대고 숨을 쉬어 이산화탄소 농도를 증가시키면 딸꾹질을 멈추는 데 도움이 된다.

호흡기 내의 공기 유동은 2장에서 설명한 입자영상유속

계^{PIV} 기법으로 계측할 수 있다. 피스톤 펌프를 이용해 호흡을 모사한 후 호흡기 내 유동에 대한 PIV 결과를 획득하면 호흡기 질환의 진단과 치료에 기여할 수 있는 생리학적 정보를 얻을 수 있다. 한 걸음 더 나아가 이러한 정보는 미세 먼지와 같은 공해 물질의 호흡기 내 흡착 현상 규명 등에도 활용될 것으로 기대된다.[5]

테라노스 사태

　생명공학과 MEMS 기술이 결합된 바이오멤스BioMEMS 분야의 꽃은 앞서 이야기한 랩온어칩이다. 피 한 방울만 뽑으면 온갖 질병 검사를 순식간에 수행할 수 있다는 아이디어는 공상과학 영화에나 등장할 법한 이야기지만, 모든 사람들이 관심을 갖고 있는 건강, 질병 관리 체계를 획기적으로 바꿀 수 있는 만큼 대다수의 사람들이 혹할 수 있는 연구 분야다. 그리고 2014년, 이러한 사람들의 열망을 단번에 충족시켜 줄 영웅이 등장했다.

　미국 스탠퍼드대학교 화학과 출신의 엘리자베스 홈즈 Elizabeth Holmes가 극소량의 혈액으로 250여 종의 질병 진단이 가능한 키트 '에디슨'의 개발을 공표하자 그녀는 곧바로 실리콘 밸리 최고의 스타로 급부상했다. 바이오멤스는 20년 넘게 전 세계 과학자들의 주목을 받아온 분야로 다양한 질병의 진단과 치료에 기여할 수 있는 기술이기 때문이다. 즉 에디슨의 개발은 생명 연장의 꿈에 한 줄기 빛이 될 수도 있었다.

　세상을 뒤바꿀 정도의 파급력 있는 제품과 더불어 명문대

자퇴, 미모의 백인 여성이라는 스토리텔링은 에디슨을 내놓은 '테라노스Theranos'를 순식간에 세계 최고의 메디컬 유니콘 기업으로 만들었다. 2015년 기준 테라노스의 시장 가치는 90억 달러로 평가되었고, 『포브스』는 자사 주식의 절반을 보유한 홈즈를 세계에서 가장 부유한 자수성가형 여성으로 꼽았다.

그러나 얼마 지나지 않아 『월스트리트 저널』의 정밀 취재 결과, 250여 개의 질병 중 실제로 에디슨이 진단할 수 있는 질병은 16종에 불과하다는 사실이 드러났다. 또한 그마저도 기존 검사법과 별 차이 없이 주사기 한 대 분량의 혈액을 뽑아야 한다는 것이 밝혀졌다. 심지어 테라노스는 미국 식품의약국 FDA의 검사와 승인도 없이 에디슨을 출시했으며, 실험 과정에서 문제가 발생하자 결과를 조작한 것으로 알려졌다.

결국 2016년 테라노스의 기업 가치는 0달러가 되었고, 2018년 9월 테라노스는 청산 절차를 밟게 되었다. 새로운 영웅의 탄생에 목말라 있던 실리콘 밸리의 신화는 씁쓸한 거대 사기극으로 막을 내리고 말았다.

4장

미술 속 흐름

마음에 담아 두지 마라.
출렁이는 것은 반짝이면서 흐르게 놔둬라.

김정원

예술은 그 기원을 찾기 위해서 인류의 역사를 거슬러 올라가야 할 정도로 오랜 기간 인류와 함께 해왔다. 초기의 예술은 동굴 벽에 색깔 있는 흙으로 들소 등 사냥감의 형태를 그린 데에서 시작하였고, 이후 예술의 대상은 점점 넓어졌다. 인물을 그리는 초상화, 사물을 그리는 정물화에 이어 자연을 그리는 풍경화가 생겨난 것은 지극히 자연스러운 현상이다. 그중에서도 특히 역동적인 바다의 모습은 화가들의 눈길을 사로잡았는데, 과학자들이 호기심으로 바닷속 세상을 탐험했듯이 화가들 역시 바다의 모습을 작품으로 옮기기 시작했다.

프랑스 화가 외젠 부댕Eugène Louis Boudin은 1850년대부터 대서양 연안 도시에 머무르며 일생 동안 바다의 일상을 캔버스에 남겼다. 같은 바다라도 날씨와 햇빛, 시간에 따라 변화무쌍하게 달라지는 풍경을 상세히 묘사했다.

또한 평생 879점의 그림을 남긴 네덜란드 화가 빈센트 반 고흐Vincent Van Gogh의 작품에 해바라기와 인물만 있는 것은 아니었다. 바다도 그 대상이었는데, 〈생트 마리 드라메르의 바다

호쿠사이의 <가나가와 해변의 높은 파도 아래>와 이를 재현한 매칼리스터 박사의 실험 사진

풍경〉에서 그는 특유의 붓 터치로 파란색과 흰색의 대비를 이용해 반짝이는 물결을 생생하게 표현했다.

한편 일본 에도시대 목판화가 가쓰시카 호쿠사이Katsushika Hokusai의 〈가나가와 해변의 높은 파도 아래〉는 후지산을 배경으로 거센 파도가 내뿜는 거품을 생동감 넘치게 묘사한 작품으로 유명하다.

파도는 바닷물이 바람이라는 강한 충격으로 인해 미세한 물방울과 공기 방울로 부서지는 과정의 반복이다. 이때 새하얀 물거품이 우리 눈에 관찰되는 것은 바닷물의 유기물이 일종의 계면 활성제surfactant 역할을 하기 때문이다. 다시 말해 바닷물의 표면장력이 민물에 비해 거품이 잘 터지지 않도록 하여 물거품을 오래 관찰할 수 있다.

과학자들은 호쿠사이의 작품을 단순히 감상하는 데 그치

지 않고 실험실에서 실제로 파도를 재현하는 데 성공했다. 영국 옥스퍼드대학교 환경유체역학 그룹의 마크 매칼리스터Mark McAllister 박사는 예측이 어렵고 비정상적으로 큰 파도인 변종파freak wave를 인공적으로 만들었다. 그리고 이 파도를 사진 촬영하여 호쿠사이 작품 속 파도와 비교한 결과, 그 둘은 놀라울 정도로 유사한 모습임을 확인했다.[1]

이처럼 우리가 잘 생각하지 못한 곳에 과학이 숨어 있을 때가 있다. 예술 분야가 대표적이다. 보통 예술은 감성을 대표하는 영역, 과학은 이성을 대표하는 영역이며 이 둘을 교집합이 거의 없는 이질적인 분야라 여긴다.

그런데 우리의 생각과 달리 과학과 예술은 깊은 관계에 있다. 예술이라는 단어의 어원부터가 그렇다. 예술을 뜻하는 단어 'art'는 라틴어의 'ars'에서, 'ars'는 희랍어 'techne'에서 유래했는데, 'techne'는 과학 기술을 뜻하는 'technic'의 어원이기도 하다.

이런 인연만큼이나 예술과 과학은 공통분모를 가지고 있는데, 바로 관찰력과 창의력이다. 예술과 과학은 모두 주변에 대한 애정 어린 관심, 그리고 이를 통해 기존에 존재하지 않는 것을 만들어 내는 창의를 필요로 한다. 유체역학과 미술도 마찬가지다. 화가들의 관찰력은 유체가 흐르고 터지고 휘몰아치는 모습을 작품에 담아내는 역할을 했고, 그들의 창의력은 물감 등 유체로 된 재료를 이용해 새로운 작품들을 창조해 냈다.

최근에 이르러서는 예술사에 커다란 족적을 남긴 화가들

의 작품을 과학자들이 유체역학적 관점에서 분석하기 시작했
다. 반 고흐, 레오나르도 다빈치와 같이 우리에게 친숙한 화가
들을 중심으로 예술 안에서 찾아볼 수 있는 유체역학 원리에
대해 살펴보자.

고흐 작품 속 밤하늘

1889년, 프랑스 남부에 위치한 생레미드 프로방스의 한 정신병원. 작고 초라한 병실에서 창문 밖으로 살짝 보이는 일출 풍경을 그리는 가난한 화가가 있었다. 강렬한 붓 터치가 인상적인 그의 작품에는 혼란스러운 머릿속만큼이나 어지러운 이미지들이 표현되었다. 생전에는 단 한 점만 팔렸을 정도로 주목 받지 못했던 작품들이 화가의 쓸쓸한 죽음 이후 재조명을 받기 시작했고, 100년이 흐른 뒤에는 놀랍게도 세계 각국의 과학자들이 그의 작품을 유체역학적 관점에서 분석하기 시작했다. 바로 빈센트 반 고흐의 이야기다.

그의 생애는 잘 알려져 있다시피 불안과 불행으로 가득 차 있다. 특히 말년의 작품은 당시 그의 뒤얽힌 정신 상태가 고스란히 반영된 것이라 평가 받기도 한다. 그래서인지 고흐의 작품에는 유체역학에서 가장 어려운 주제로 알려진 난류turbulence의 원리가 숨어 있다. 난류는 비행기 날개 주변의 바

고흐 작품 속의 소용돌이는 유체역학에서 많이 연구하는 난류와 유사한 형태다.

람이나 담배 연기, 불안정한 수돗물 등에서 볼 수 있는, 시간
또는 공간적으로 불규칙한 운동을 하는 흐름을 말한다.

유체역학 전공자들조차 혀를 내두르는 난류의 난해함을
단적으로 표현한 독일 물리학자 베르너 하이젠베르크Werner
Heisenberg의 이야기가 다음과 같이 전해진다. "신을 만난다면
두 가지를 묻고 싶다. 하나는 상대성 이론이고 다른 하나는 난
류다. 신은 첫 질문에는 답할 수 있을 거라 믿는다." 또 프랑스
의 수리물리학자 다비드 뤼엘David Pierre Ruelle은 "난류는 이론의
무덤이다"라는 말을 남기기도 했다.[2]

우연인지 아닌지 모르겠지만 고흐의 작품에서 이러한 난
류와 유사한 형태가 발견되었고 과학자들은 기다렸다는 듯이

유체역학적 의미를 찾기 시작했다. 2008년 멕시코 물리학자 호세 아라곤José Aragón은 고흐의 작품에 표현된 별빛 등의 소용돌이가 자연에서 관찰되는 난류의 물리 법칙과 매우 유사함을 밝혔다. 아라곤은 〈별이 빛나는 밤〉, 〈삼나무와 별이 있는 길〉, 〈까마귀가 나는 밀밭〉 등을 디지털화한 후 픽셀의 밝기를 분석했다. 그리고 콜모고로프 모델Kolmogorov model을 이용하여 각각의 소용돌이가 크기와 상관없이 수학적 유사성을 가진다고 설명했다.[3] 참고로 러시아 수학자 안드레이 콜모고로프 Andrey Kolmogorov의 통계 모델은 난류 속 두 지점의 속도가 같을 확률을 정량화한 이론이다.

한편 평소 천문학 서적을 탐독할 정도로 별에 관심이 많았던 고흐는 상상 속의 별이 아닌, 실제 모습에 가까운 별을 그렸을 것으로 추측된다. 그러한 이유에서 고흐가 그린 밤하늘은 유체역학자뿐만 아니라 다른 분야의 학자들에게도 매력적인 연구 대상이다.

밤하늘을 그린 고흐의 또 다른 작품으로 〈밤의 카페 테라스〉가 있다. 이 작품에 등장하는 카페는 지금도 'Le Café La Nuit'라는 이름으로 영업 중이며, 전 세계에서 찾아오는 미술 애호가들로 붐빈다. 또한 카페 뒤편의 밤하늘 역시 고흐 작품에 심취한 사람들에게는 흥미로운 이야깃거리다.

미국 캘리포니아대학교 로스앤젤레스캠퍼스에서 현대 미술사를 강의하는 알버트 보임Albert Boime 교수는 1984년 발표한 글에서 〈밤의 카페 테라스〉 속의 배경을 분석했다. 길을 오

구글 지도의 거리뷰로 찾은 현재의 카페 Le Café La Nuit와 고흐의 <밤의 카페 테라스>

가는 사람들과 카페의 손님 수로부터 대략적인 시간을, 그리고 그 순간 남쪽 밤하늘에 보이는 Y자 모양의 별자리가 물병자리임을 가정하여 당시를 1888년 9월 초순의 밤 11시 무렵이라 주장했다.[4]

하지만 보임의 의견은 다소 추상적인 근거를 바탕으로 하였고 천문학 전문가의 의견은 달랐다. 보임의 글이 발표되고 2년 후 미국 하버드대학교 천체물리학과 찰스 휘트니Charles A. Whitney 교수는 작품 속 배경이 9월임은 맞지만, 별자리 시뮬레이션을 통해 당시 그림 속 별자리가 물병자리가 아닌 전갈자리임을 밝혔다. 그해 9월 9일부터 16일까지 고흐가 바라봤던 남서쪽 방향에 전갈자리가 위치했음을 확인한 것이다.

그는 9월 11일에는 달빛이 매우 밝아 별이 보이지 않았을 것을 감안해, 그림의 하늘을 9월 10일 저녁 7시 15분 무렵 상용박명 civil twilight 때의 하늘 모습으로 추측했다. 또 그림을 완성하는 데 꽤 많은 시간이 소요되므로 카페와 하늘을 그린 시간에는 차이가 있었을 것이라는 의견을 함께 제시했다. 하지만 아직까지 명확한 날짜와 시간은 찾을 수 없었고 9월 중순 무렵이라는 점만 확인되었다.[5] 이제 고흐의 작품은 미술사학자는 물론 유체역학자와 천체물리학자들에게도 풀어야 할 과제가 되었다.

시케이로스 기법의 불안정성

고흐의 작품 속에 유체역학 개념이 숨어 있다면, 작품의 표현 기법 그 자체가 유체역학적 원리를 담고 있는 경우도 있다. 1930년대 멕시코 화가 다비드 시케이로스David Siqueiros가 선보인 우연 칠하기accidental painting는 평면 위에 부은 두 종류의 물감이 자연스레 섞이면서 예측하기 어려운 배열을 만들어 내는 기법이다. 멕시코 혁명 운동과 사회주의 지도자이기도 했던 시케이로스는 그 일환으로 독자적인 벽화 운동에 전념했는데, 그래서인지 그는 우연 칠하기 기법 등 계속해서 작품에 새로운 기술을 시도하고자 했다.

멕시코 미술사학자 산드라 제티나Sandra Zetina와 물리학자 로베르토 제닛Roberto Zenit은 독특한 기법의 시케이로스의 작품을 분석해 물리학적 원리를 찾아냈다.[6] 연구진들은 다양한 색상의 물감을 단순히 하나의 액체로 가정하여 이를 과학적으로 분석하고자 했다. 물감의 밀도와 점도를 감안하여, 물감 방울

역동적인 리얼리즘을 표현한
시케이로스 작품

의 시간에 따른 높이 변화를 예측하고 그 형상을 촬영한 것이다. 그리고 연구를 통해 시케이로스 작품의 불규칙적인 무늬가 레일리-테일러 불안정성Rayleigh-Taylor instability 이라는 원리에 의해 형성되는 것이며, 때문에 어떤 모양이 그려질지 예측하기 어렵다는 결론을 내렸다.

서로 밀도가 다른 물감은 섞이면서 불안정한 상태가 된다. 이렇게 밀도 차이가 있는 물질이 섞여 불안정해지는 현상을 영국의 물리학자 로드 레일리Lord Rayleigh 와 제프리 테일러Geoffrey Taylor 의 이름을 붙여 레일리-테일러 불안정성이라 한다. 화산 분화와 핵 폭발로 발생하는 버섯 구름mushroom cloud 등도 레일리-테일러 불안정성의 또 다른 예다.

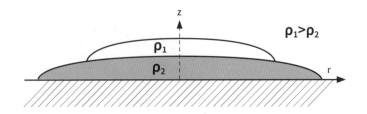

밀도가 높은 물감이 밀도가 낮은 물감 위에 있는 상태는 불안정하기 때문에 물감이 자연스레 섞인다.

그렇다면 밀도 차이에 의한 불안정성은 어떻게 수치화 할 수 있을까? 두 유체의 밀도ρ_1, ρ_2 차이를 밀도의 합으로 나눈 애트우드 수A, Atwood number 라는 개념이 있다. 도르래 양쪽에 물체가 매달린 애트우드 장치Atwood machine를 개발한 영국 수학자 조지 애트우드George Atwood 로부터 유래하였다.

$$A = \frac{\rho_1 - \rho_2}{\rho_1 + \rho_2}$$

애트우드 수는 경계가 얼마나 뚜렷한가를 나타내는 무차원수다(무차원수는 3장에서 자세히 설명). 만일 애트우드 수가 0으로 두 유체의 밀도가 같으면 온전히 확산에 의해서만 천천히 섞이므로 상대적으로 안정적이라 할 수 있다. 반면 애트우드 수가 클수록, 즉 유체의 밀도 차이가 클수록 불안정성이 크기 때문에 물질이 잘 섞인다.

참고로 레일리-테일러 불안정성 이외에 다른 종류의 불

안정성으로 서로 다른 밀도의 유체가 갑자기 가속될 때 발생하는 리히트미어-메쉬코프 불안정성 Richtmyer-Meshkov instability, 유체 계면에서의 속도 차이에 의한 켈빈-헬름홀츠 불안정성 Kelvin-Helmholtz instability, 표면장력에 의해 물줄기가 규칙적이지 않은 플라토-레일리 불안정성 Plateau-Rayleigh instability 등이 있다.

잭슨 폴록의 물리학

시케이로스에 이어 독특한 회화 기법으로 유명한 또 다른 화가가 있다. 그 기법만큼이나 이 화가의 인생 역시 파란만장했는데, 그는 1956년 8월 만취한 상태로 뉴욕의 길거리를 운전하던 중 나무와 부딪혀 세상과 작별을 고하고 만다. 평소 기괴한 행동을 서슴지 않았던, 20세기 미국을 대표하는 추상표현주의 화가였기에 더욱 허망한 죽음이었다. 평생 파블로 피카소Pablo Picasso를 넘어서고자 꿈꾸었던 이 화가는 사후 작품 가격이 계속해서 경신되고 있는 잭슨 폴록Jackson Pollock이다.[7]

시케이로스의 영향을 받은 폴록의 작품은 누가 봐도 물감을 아무렇게나 뿌린 듯하지만 강렬한 인상을 남긴다. 공중에 매달려 물감을 흩뿌리는 방식의 독특한 작업으로 유명한 그의 작품은 '폴록의 물리학The Physics of Pollock'이라는 장르가 생겨날 정도로 유체역학자들에게는 흥미로운 연구 대상이다. 폴록의 삶만큼이나 어디로 튈지 모르는 물감 방울이 캔버스를 가

마구잡이로 그린 듯한 잭슨 폴록의 작품은 물리학자들에게 흥미로운 연구 대상이다.

득 채우는데, 앞서 이야기한 시케이로스의 작품보다 역동적이며 불확실성이 커서 사실상 재연이 불가능하다.

폴록이 즐겨 사용한 물감은 전단응력shear stress 이 변형률strain 에 비례하지 않는 비뉴턴 유체non-Newtonian fluid 의 일종이다. 전단응력이란 표면을 따라 평행하게 작용하는 힘에 대한 저항력이고, 변형률은 물체가 변형되는 비율을 말한다. 비뉴턴 유체는 케첩, 샴푸, 치약, 페인트 등 주로 점성을 가진 유체 등을 포함한다.

폴록의 물감 방울에는 앞서 이야기한 여러 불안정성 중 플라토-레일리 불안정성 원리가 적용된다. 수도꼭지를 천천히 틀면 물이 한 방울씩 떨어지다가 어느 순간 연속적인 물줄기로 바뀌는데, 그 직전의 불안정한 상태에서 표면장력의 급격한 변화로 일정하지 않은 물줄기가 형성된다. 폴록의 작품에서 규칙적인 패턴을 찾을 수 없는 이유다.

불규칙적인 물방울은 카오스 이론chaos theory의 한 예로 예측이 거의 불가함을 의미한다. 미국 물리학자 로버트 쇼Robert Shaw는 수도꼭지에서 떨어지는 물방울을 카오스 이론으로 설명했는데, 수도꼭지 끝에 물방울이 맺혀 있다가 떨어지는 과정은 예상과 달리 단순하지 않다. 낙하 직전의 물방울은 비교적 복잡한 3차원 형상이며 신축성이 있는 물체처럼 이리저리 흔들리다가 무게가 점점 늘어나 임계점critical point을 넘는 순간 떨어지게 된다. 쇼는 오랜 시간 물방울의 낙하를 관찰하여 첫 두 물방울 간의 시간 간격을 x축, 그 다음 간격을 y축으로 하는 2차원 그래프로 나타냈다. 그 결과 물방울이 떨어지는 시간 간격은 카오스 구조와 유사한 패턴임을 확인했다.[8]

이처럼 현상학적으로 난해한 폴록의 기법을 정량화한 과학자가 있다. 2011년 하버드대학교 응용수학과의 락쉬미나라야난 마하데반Lakshminarayanan Mahadevan 교수는 미국 보스턴대학교 미술사학과 클라우드 세르누치Claude Cernuschi 교수와 함께 물감의 점성v을 고려하여 물감 방울과 줄기의 불안정성을 유체역학적으로 분석했다. 그 결과 물감 줄기의 반경r_0과 유량 Q 사이의 관계를 다음과 같이 수식화했다.[9]

$$Q = r_0 u_0^{3/2} \sqrt{v/g}$$

(u_0는 물감의 초기 낙하 속력, g는 중력 가속도)

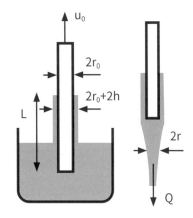

폴록의 독특한 기법은
점성이라는 물감의 특성에서 기인한다.

　　앞의 수식으로부터 우리는 물감 줄기의 반경이 커질수록, 그리고 물감의 점성이 클수록 유량 또한 증가함을 알 수 있다. 때문에 물감을 물 또는 용제solvent로 희석하여 적절한 점성을 만들거나 물감을 흩뿌리는 속도를 조절하면 원하는 선을 그릴 수 있다. 위 수식을 알지 못했을 폴록은 아마도 여러 번의 시행착오를 통해 이러한 관계를 경험적으로 익히고 작품에 응용했을 것이다.

다빈치와 유체역학

고흐와 시케이로스, 폴록이 자신도 모르게 유체역학적 원리를 작품에 담아냈다면, 화가 자신이 과학에 능통했던 경우도 있다. 바로 인류 역사에서 과학과 예술 두 방면 모두에 가장 큰 업적을 남긴 인물인 이탈리아 예술가 레오나르도 다빈치 Leonardo da Vinci 다. 그는 회화와 조각은 물론 건축, 물리학, 지질학, 해부학, 수학, 심지어 철학과 시, 작곡, 육상에 이르기까지 다양한 분야에 재능을 가지고 있었다. 예술 분야에서는 〈모나리자〉와 〈최후의 만찬〉 등 불세출의 작품을 남겼으며, 과학 분야에 있어서는 비행기와 헬리콥터를 고안함은 물론 콘텍트렌즈의 개념도 제안했다.[10]

이 같은 다빈치의 다재다능함을 보여주는 유명한 일화가 있다. 서른 살 무렵 일자리를 구하던 그는 이력서에 교량과 수로, 대포 등을 설계할 수 있다며 자신의 공학적 능력을 한참 강조한 후 마지막에 다음과 같이 한마디 덧붙였다고 한다. "그

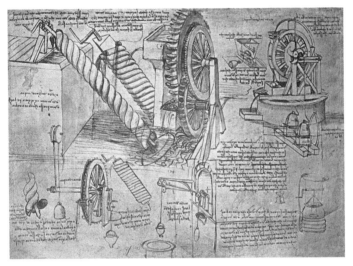

다빈치는 항상 노트를 가지고 다니며 일상생활 중에 떠오르는 아이디어와 관찰한 내용을 기록했다.

림도 조금 그릴 줄 안다."

　다빈치 사후 500주년인 2019년, 그의 수많은 업적 중 '흐름에 관한 연구'를 정리한 논문이 『네이처』에 게재되었다. 논문의 저자는 다빈치의 작품 세계를 반세기에 걸쳐 연구한 영국 옥스퍼드대학교 미술사학과의 마틴 켐프Martin Kemp 교수다.[11]

　그의 논문에 따르면 다빈치는 정확하고 구체적인 관찰을 통해 물의 거동을 상세히 연구했다고 한다. 평소 다빈치가 실제 쓰던 노트에는 유리로 만든 실험용 탱크에 물을 채우고, 그 위에 잡초 씨앗을 띄워 소용돌이를 연구한 결과가 남아 있다. 비록 원시적인 형태이긴 하지만, 현대에도 활용되고 있는 가시화visualization 기법과 동일한 원리를 구현하여 유동을 분석한 것이다.

다빈치는 고대 지질의 생성 과정을 재현하기 위해 강과 바다가 육지 속으로 파고든 만灣의 비례 척도 실험을 제안하기도 했다. 그는 지중해와 대서양이 나뉘는 경계인 지브롤터Gibraltar 해협이 시간이 지남에 따라 넓어지면서, 지중해가 나일강이 확장된 형태의 거대한 강이 될 수 있다고 주장했다.

유체역학에 대한 다빈치의 관심은 탱크 안의 소용돌이와 지형 구조에 이어 인체로까지 확장되었다. 그는 당시만 해도 금기시되었던 시신 해부를 통해 장기에 대한 연구를 수행했다. 그는 30여 구가 넘는 시신의 장기를 꺼내 흐르는 물에 씻은 후 주사기로 액체를 투입시켜, 모양을 유지한 상태의 장기를 스케치하였다. 이 과정을 통해 다빈치는 우심방과 우심실 사이의 삼첨판tricuspid valve이 심장의 수축과 이완에 따라 열리고 닫히는 원리에 대해 기록했다. 3장에서 이야기한 동맥경화에 대한 기록 역시 다빈치가 의학 역사상 처음으로 남긴 것이었다.

이처럼 다빈치는 자신의 뛰어난 그림 실력을 바탕으로 수많은 과학적 아이디어를 자세히 스케치했고 이를 기록으로 남겼다. 마이크로소프트의 창업주 빌 게이츠Bill Gates는 1994년 크리스티 경매에서 다빈치의 72쪽 분량 자필 노트인 '코덱스 레스터Codex Leicester'를 3,080만 달러(약 340억 원)에 구입해 화제가 되기도 했다. 참고로 코덱스 레스터라는 이름은 1717년 이

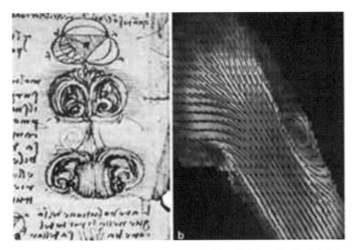

가립 교수는 심장 판막에서의 와류 현상에 대한 다빈치의 스케치를 MRI를 이용하여 실제로 입증하였다(Gharib Morteza et al., 2002).

노트를 구입한 레스터 백작의 이름에서 유래했다.

다빈치가 남긴 기록은 추후에 과학적으로 증명되기도 하였다. 자연계에서 일어나는 유체역학 현상을 주로 연구하는 미국 캘리포니아공과대학 항공공학과 모테자 가립Morteza Gharib 교수는 생물학과 및 미술사학과 연구진과 함께 심장 판막에서 일어나는 와류 현상에 대한 다빈치의 아이디어를 자기공명영상법MRI을 통해 실제로 입증했다.[12]

액체 조각가

유체는 지금까지 살펴본, 2차원으로 표현되는 회화painting 뿐 아니라 3차원 공간에 입체로 형상을 만드는 조소sculpture에 도 활용되는 경우가 있다.

일반적으로 조소는 재료와 만드는 방식에 따라 구분하는 데, 단단한 고체 덩어리를 깎아 만드는 조각carving과 찰흙이나 지점토 등으로 빚어 만드는 소조modeling가 있다. 찰흙과 지점 토는 점성이 극단적으로 큰 유체로 가정할 수 있으며, 수분 함 유량에 따라 점성이 달라진다. 또한 점도에 따라 표면의 성질 이 결정되기도 한다.

한편 점성이 매우 작은 액체로 조각을 만드는 예술가도 있 다. 미국의 엔지니어이자 사진작가인 마틴 워프Martin Waugh는 물방울을 충돌시킬 때 나타나는 순간의 모습을 촬영했다. 그 는 이러한 찰나의 순간들을 통해 왕관 모양을 비롯해 우주선, 꽃, 사람 다리 등을 표현했는데, 물론 이 작품들은 일반적인 조

EXTRAORDINARY PURITY IN EVERY DROP

보드카 회사 스미노프(Smirnoff)와 워프가 합작하여 만든 광고

각과 달리 금방 사라지지만 그 모양이 마치 조각품과 비슷하다 하여 액체 조각가 liquid sculptor 라 불리고 있다.

워프가 사용하는 액체들은 각기 다른 점성을 가지고 있으므로 표현 방식에도 차이가 나타난다. 예를 들어 점성이 작을수록 자그마한 물방울들이 쉽게 만들어진다. 또 낙하 높이의 차이에 따른 충격량과 충돌 각도 역시 특정 모양을 형성하는 데 결정적인 역할을 하는 변수다. 여기에 워프는 다양한 색의 액체를 사용해 작품에 화려함을 더했으며, 특히 물방울 안에 지구를 창조한 작품이 매우 인상적이다. 그의 홈페이지에서 다양한 액체 조각 작품들을 감상할 수 있다.[13]

유체의 흐름을 포착하다

유체의 역동적인 흐름은 순간을 포착하는 사진 작가들에게도 매력적인 소재다. 특히 담배 연기처럼 시시각각 변화하는 유동은 복잡하고 재현하기 힘든 패턴을 형성하기 때문에, 완성하는 데 시간이 제법 걸리는 그림보다는 찰나에 결과물이 나오는 사진으로 포착하는 것이 적합하다.

미국 MIT 전자공학과 해롤드 에저튼 Harold Edgerton 교수가 1950년대에 인공 조명 strobo 을 발명한 이후 물방울의 충돌이나 비둘기의 날갯짓 주변 유동, 순식간에 타오르는 화염과 같은 빠른 움직임도 또렷한 사진으로 남길 수 있게 되었다.

2003년 미국 콜로라도대학교의 기계공학과 교수이자 사진작가인 진 허츠버그 Jean Hertzberg 와 순수미술학과 알렉스 스위트맨 Alex Sweetman 교수는 기계공학과와 사진학과 학생들을 대상으로 '유동 가시화: 유체 흐름의 물리학과 예술 Flow Visualization: the Physics and Art of Fluid Flow '이라는 강의를 개설했다.

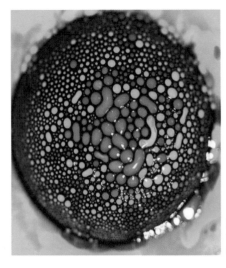

2019년 밀턴 반 다이크 상을
수상한 작품
(Fluid Dynamics of Millefiori)

사진을 통해 유체의 움직임을 이해하기 위한 목적이었다. 두 학과 학생들이 함께 팀을 꾸려 비누방울이나 담배 연기 등을 촬영한 작품은 강의 홈페이지에서 감상할 수 있다.[14] 이 수업은 미국 공학 교육 컨퍼런스에서 공학과 예술의 우수 융합 사례로 발표되기도 했다.

또 유체물리학 분야 최대 규모의 학회인 미국물리학회 유체역학 분과에는 유동 갤러리Gallery of Fluid Motion가 있어 신기한 유동 현상을 촬영한 사진 작품에 대해 시상을 한다.[15] 이 상은 '밀턴 반 다이크 상'으로 유체역학 분야에 큰 업적을 남긴 미국 스탠퍼드대학교 항공우주공학과 밀턴 반 다이크Milton van Dyke 교수로부터 유래했다.

한편 이처럼 순간적인 유체의 흐름을 사진으로 포착할 수 있다는 사실을 과학자들은 놓치지 않았다. 유동 현상을 상세히 분석하기 위한 도구로 입자영상유속계 PIV를 개발한 것이다. 입자영상유속계는 미세한 형광 입자fluorescent particle가 섞인 유체의 흐름을 연속적으로 촬영하여 시각화할 수 있는 장치로, 복잡한 유동을 관찰하기에 적합하다. 그뿐만 아니라 촬영한 사진의 영상 처리image processing를 통해 유동의 전체적인 속도 분포인 속도장velocity field 역시 계산할 수 있다.

과학의 발전으로 개발된 첨단 사진 기술은 이를 통해 신비로운 유동 현상을 관찰하고 분석할 수 있게 해줌과 동시에, 그 결과물들이 다시 과학의 발전에 이바지하게 되는 긍정적인 시너지를 내고 있다.

5장

경제 속 흐름

주식 시장에서 돈은 적극적인 사람으로부터
참을성 있는 사람에게 넘어가게끔 설계되어 있다.

Warren Buffett

우리 눈에 보이지는 않지만, 세상을 돌아가게 하는 데 필수적인 흐름도 있다. 바로 돈의 흐름이다. '돌고 돌아 돈'이라는 말처럼 여러 경로로 끊임없이 이동하는 돈의 흐름은 수많은 사람들이 좇는 꿈이기도 하다. 한정된 돈은 어디엔가에 쌓여 축적되기도 하고, 곳곳으로 흩어지기도 하며, 때로는 예측이 불가능할 정도로 불규칙적으로 흐른다.

이렇게 예측하기 힘든 돈의 흐름을 파악할 수 있다면 순식간에 억만장자가 될 수 있지 않을까? 그렇기에 지금까지 경제학자들을 비롯한 많은 사람들이 돈이 흐르는 원리를 파악하기위해 부단히 노력해왔다. 그런데 돈의 흐름 역시 '흐름'이어서일까? 언젠가부터 경제학자들의 전유물로만 여겨졌던 금융 시장에 수학과 물리학 공식으로 무장한 과학자들이 뛰어들기 시작했다.

금융 시장에 과학자들이 합류하게 된 배경으로 거슬러 올라가 보자. 1960년대 한창이었던 미국과 소련의 우주 탐사 경쟁은 과학자들에게 있어 호황기였다. 그러던 1969년 7월 20일

1980년대 뉴욕 맨해튼 남쪽의 금융 밀집 구역인 월 가에 물리학자들이 모여들기 시작했다.

미국의 우주비행사 닐 암스트롱Neil Alden Armstrong이 달에 발자
국을 남기면서 이러한 경쟁은 마침내 종지부를 찍게 되었다.
암스트롱은 "서기 1969년 7월, 지구로부터 온 인간들이 달에
첫 발을 내디뎠다. 우리는 모든 인류를 위해 평화의 목적으로
왔다"라는 말을 남겼다.

그리고 냉전 체제가 종식된 1980년대, 암스트롱의 말대
로 평화의 분위기가 전 세계적으로 무르익자 미국 항공우주국
NASA의 예산은 삭감되었고 과학자들의 일자리는 점점 줄어들
었다. 어린 시절 역사적인 달 착륙을 지켜보며 로켓과학자의
꿈을 키웠던 세대가 박사 학위를 받은 시점에는 이미 인력 공
급이 수요를 훨씬 넘어선 상황이었다.

때마침 뉴욕의 금융 밀집 구역 월 가Wall Street에서는 선물 futures, 옵션option, 스왑swap 등 점점 다양한 금융 상품이 개발되었고, 컴퓨터의 급격한 발달로 기존의 금융 데이터를 좀 더 체계적으로 분석하고자 하는 붐이 일었다. 그동안 뛰어난 경제학자들이 다양한 주가 예측 모델을 만들었음에도 불구하고, 주식 시장의 예상은 여전히 풀기 어려운 문제였기 때문이다.[1]

반면 달나라까지 로켓을 보낸 물리학자들에게는 복잡한 현상을 모델링하고 그 수식을 푸는 일이 매우 익숙한 작업이었다. 그리하여 세계 최고의 항공우주 연구기관에서 로켓을 쏘아 올리던 물리학자들은 자동차로 4시간 거리인 세계 금융의 심장으로 몰려들기 시작했다. 아이러니하게도 정치적 문제로 인해 월 가의 수요와 NASA의 공급이 절묘하게 맞아떨어진 셈이다. 오늘날 이들처럼 금융 시장에서 일하는 물리학자와 수학자를 퀀트Quant라 부르는데, 이는 'Quantitative Analyst'의 약자로 우리말로는 계량분석가 혹은 금융공학자로 번역된다.

이러한 움직임은 국내에서도 점차 늘어나고 있다. 여러 대학교에서 금융공학과를 신설하기 시작했고 산업공학과, 응용수학과에서 금융수학 강의를 개설했다. 증권사는 물론 은행과 회계 법인, 보험사 등에서도 수학 및 통계학, 물리학 박사 학위 소지자를 적극 채용하고 있다. 숫자로 표기된 돈 그리고 그 숫자들의 흐름에 수학과 물리학이 많이 활용되는 것은 어찌 보면 당연한 수순이다. 바야흐로 경제물리학econophysics의 전성기가 시작되었다.

물리학은 어떻게 금융시장에 도움을 주고 있을까? 예를 들어 2010년 저명한 물리학 학술지에 실린 한 논문은 금융 충격financial shocks 직전과 직후의 시장을 물리 법칙을 이용해 분석했다. 논문은 주식 시장이 크게 요동친 후 일어나는 작은 잔여 움직임이 지진이 발생한 후의 여진처럼 오모리 법칙Omori's law에 따라 로그 스케일로 감소됨을 설명했다. 일본의 지진학자 후사키치 오모리Fusakichi Omori가 지진을 연구하며 발견한 법칙이 주식 시장에도 유사하게 적용된 것이다.[2]

금융 시장으로 침투한 유체역학

주식의 시초는 기원전 2세기로 거슬러 올라간다. 로마는 신전 건립이나 조세 징수 같은 업무를 대행하기 위해 퍼블리카니Publicani라는 조직을 설립하였다. 그리고 이 퍼블리카니에서 현대의 주식 개념인 파르테스Partes를 발행했다. 이는 다수의 사람들이 소유권을 보유한 일종의 주식이었다.

1602년 설립된 네덜란드 동인도회사의 주식이 정식으로 처음 거래되었고, 1613년 세계 최초의 증권 거래소인 암스테르담 거래소가 설립된 이래 주가는 단 하루도 고정되지 않았다. 주가는 과거에도 변하였고 현재도 변하고 있으며 미래에도 변할 것이다. 그렇기에 물리학 중에서도 유체역학은 '주가의 흐름'이라는 현상과 맞물려 금융 시장의 해석에 많은 도움을 주고 있다. 특히 시간에 따른 변화, 즉 움직임에 대해 연구하는 동역학dynamics은 유체역학의 주요 분야로 주식 시장을 분석하는 훌륭한 도구다.

금융 시장에 최초로 유체역학 이론을 적용한 사람은 프랑스 수학자 루이 바슐리에Louis Bachelier다. 바슐리에는 박사 학위 논문 「투기 이론The Theory of Speculation」에서 금융 시장의 가격 변동을 브라운 운동Brownian motion의 수학 모델로 모형화했다.[3] 1900년 3월 29일 프랑스 파리대학교에서 심사된 이 논문은 당시의 수학자들에게는 익숙하지 않은 분야에 수학 이론을 적용한 것이어서 평가자들에게 제대로 인정을 받지 못했다. 그러나 단 한 사람, 바슐리에의 스승은 이 논문이 매우 독창적이며 흥미롭다는 평가를 내렸는데, 그는 바로 아직까지 풀리지 않은 난제 '푸앙카레 추측Poincaré conjecture'의 주인공인 앙리 푸앙카레Henri Poincaré다.

바슐리에가 주식 시장에 적용한 브라운 운동이란 무엇일까? 영국 식물학자 로버트 브라운Robert Brown은 1827년 어느 날 꽃의 한 종류인 클라키아 풀켈라Clarkia pulchella의 꽃가루가 물 위에서 불규칙적으로 움직이는 모습을 발견했다. 이처럼 매우 작은 입자가 액체 또는 기체와 끊임없이 충돌하는 움직임을 브라운 운동이라 한다. 만일 입자가 아니라 어느 정도 이상의 크기를 갖는 물체라면 통계적으로 모든 방향의 힘이 더해져, 즉 합력이 0이 되어 움직이지 않는다.

상대성 이론으로 유명한 독일의 물리학자 알버트 아인슈타인Albert Einstein 역시 이 브라운 운동에 대해 연구했다. 확산 방정식diffusion equation으로부터 입자의 거리와 시간에 대한 밀도를 계산한 그는 입자가 이동한 거리가 확률적으로 시간의

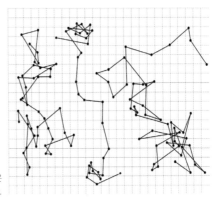

제멋대로 움직이는 브라운 운동은
확률 함수로 표현된다.

제곱근에 비례함을 밝혀냈다. 이러한 아인슈타인의 이론은 프랑스 물리학자 장 바티스트 페랭Jean Baptiste Perrin 에 의해 실험적으로 증명되었으며, 페랭은 그에 대한 공로로 1926년 노벨 물리학상을 수상했다. 브라운 운동은 원자, 분자 단위의 충돌 등 미시 운동을 연구하는 분자동역학Molecular Dynamics 의 주요 분야이기도 하다.

브라운 운동을 하는 입자의 움직임은 마치 술 취한 사람의 걸음걸이와 유사하다. 술 취한 사람이 일직선으로 걸어갈 확률과 제자리에서 맴돌 확률은 매우 희박하며, 반복하여 여러 번 실험하면 원점으로부터의 평균 이동 거리가 시간의 제곱근에 비례한다. 즉, 4초 동안 움직인 평균 거리는 1초 동안 움직인 평균 거리의 2배임을 의미한다. 물리학에서는 이를 무작위 행보random walk 라 하는데 1905년 영국의 수리통계학자 칼 피어슨Karl Pearson 이 처음 제안한 개념이다.

물위의 꽃가루가 어디로 이동할지 알 수 없는 것처럼 미래의 주식 가격을 정확히 예측하는 것 역시 불가능하다. 주식 역시 물위의 꽃가루처럼 거의 무작위에 가깝게 변동한다. 즉, 주가는 무작위로 상승하거나 하락한다. 다음 사례가 튀는 럭비공 같은 주식 시장의 특성을 보여주는 한 예다.

1973년 미국 프린스턴대학교 버튼 말키엘Burton Malkiel 교수는 저서 『시장변화를 이기는 투자』에서 눈을 가린 원숭이가 찍은 종목에 투자해도 투자 전문가만큼의 수익률을 올릴 수 있다고 주장했다. 그리고 2000년대 초 월 가에서 그 흥미로운 대결이 실제로 펼쳐졌다. 투자 전문가, 일반인, 원숭이가 각자 종목을 선택하고 그 수익률을 비교한 것이다. 4차례의 대결에서 원숭이가 고른 종목의 평균 수익률은 -2.7%를 기록하였는데, 이는 투자 전문가의 -13.4%, 일반인의 -28.6%에 비하면 월등히 뛰어난 성적이었다. 물론 이 대결의 의미는 원숭이의 위대함이 아니라 주식 시장의 무작위성으로 인한 예측 불가능성을 뜻한다.

이처럼 브라운 운동을 바탕으로 한 바슐리에의 분석에 따르면, 더이상 주식 시장을 분석할 필요가 없어 보인다. 그런데 여기에 더해 바슐리에는 한 줄기 희망을 이야기한다. 주가가 무작위 행보를 하지만, 정규 분포Gaussian distribution 곡선을 이용하면 미래에 특정 주가가 될 확률은 계산할 수 있다는 것이다.

이는 미래의 주가가 극단적으로 상승하거나 하락할 확률은 상대적으로 매우 낮다는 것을 의미한다. 바슐리에의 이러한 주장은 금융 시장을 새로운 관점에서 해석한 것으로, 실로 놀라운 통찰이었지만 안타깝게도 오랜 기간 세상의 빛을 볼 수 없었다.

바슐리에의 재발견

시간이 흘러 바슐리에의 연구에 빛을 비춰주는 이들이 나타났다. 그중 한 명이 현대 경제학의 아버지라 불리는 미국의 경제학자 폴 새뮤얼슨Paul Samuelson이다. 잠시 그의 업적에 대해 이야기하자면 새뮤얼슨은 25살의 나이에 미국 MIT 교수로 임용되었는데, 그때 이미 자신의 나이보다 많은 수의 논문을 출간한 상태였다. 또 경제학에 수학적 기법을 도입해 다양한 이론을 발전시킨 공을 인정받아 1970년 노벨 경제학상을 수상했다. 그뿐만 아니라 그가 1948년 저술한 『경제학』은 41개 국어로 번역되어 400만 부 이상 판매되었고 지금도 전 세계 경제학도들의 필독서로 통한다.

50년간 잠자고 있던 바슐리에의 연구 결과를 세상에 알린 것 또한 새뮤얼슨의 또 다른 업적이다. 요즘은 인터넷을 이용해 수십 년 전에 작성된 전 세계의 논문을 쉽게 검색할 수 있다. 하지만 1950년대에 50년 전 다른 나라에서 작성된, 유명

20세기를 대표하는 경제학자
폴 새뮤얼슨

하지 않은 논문을 발견한 것은 기적에 가까운 일이었다. 새뮤
얼슨은 바슐리에의 이론을 수정하여 기하 브라운 운동Geometric
Brownian Motion, GBM 을 설명하였는데, 이는 현대 금융 시장의 무
작위성을 설명하는 주요 개념이다.

　바슐리에의 연구를 발견해낸 것을 넘어서서, 그의 연구
를 계승한 학자도 있다. 바로 미국의 천체물리학자 모리 오즈
번Maury Osborne 이다. 당시 해군 연구소에서 근무하던 오즈번
은 1959년「주식 시장의 브라운 운동Brownian Motion in the Stock
Market 」이라는 논문을 발표했다.[4] 그의 연구는 바슐리에의 연
구를 바탕으로 했지만 약간의 차이점이 있었다. 주식의 가격
이 정규 분포를 따른다고 주장한 바슐리에와 달리, 오즈번은

수익률이 정규 분포를 따른다는 새로운 이론을 제시했다. 수익률은 음수가 될 수 있어도 주가는 음수가 될 수 없다는 점을 감안할 때 오즈번의 이론은 바슐리에의 이론보다 더욱 합리적이다. 이 논문은 금융공학의 원전과도 같아서 현재까지 1,400회 이상 인용되었다.

천체물리학자가 주식 시장을 연구한 것에서도 유추할 수 있듯이 오즈번의 관심사는 매우 다양했다. 그는 바다에 사는 연어가 강을 거슬러 올라갈 때의 에너지 효율도 연구했는데, 이 역시 놀랍게도 금융 시장의 분석으로 이어졌다. 오즈번의 정의에 의하면 연어가 짧은 시간 동안 헤엄칠 때의 주변 요소들을 빠른 요동quick fluctuation, 바다에서 강까지 1,000km 이상 헤엄칠 때의 효과를 느린 요동slow fluctuation이라 한다.[5]

오즈번은 이 두 가지가 어떤 관계가 있는지 보여주는 이론 모형을 만들고, 이를 주식 시장에 응용했다. 예를 들어 거래 체결 방식은 단기간의 주가 변화에 영향을 주는데 이는 연어의 빠른 요동에 해당하고, 정부 정책이나 경기 순환 등은 장기 변동 요소로 느린 요동에 해당한다. 이처럼 연어의 회유 모형을 개발한 오즈번의 관점에서 물리학과 금융은 근본적으로 서로 연결되어 있었다.

자기 유사성의 반복, 프랙털

주가가 아닌 수익률이 정규 분포를 따른다고 주장한 오즈번의 이론은 바슐리에의 이론보다 한층 발전된 형태였다. 하지만 오즈번의 모형 역시 주가의 패턴을 완벽히 설명하기에는 여전히 부족하였다. 여기에서 기존 이론을 한 단계 발전시킨 사람은 프랑스 수학자 브누아 망델브로^{Benoît Mandelbrot}다.

1966년 망델브로는 불규칙적으로 움직이는 주식 시장과 비슷한 면화^{cotton}의 가격 변동에서 규칙성을 발견했다. 이전까지 통계학자들은 주식의 가격 변동은 물론 사람들의 신장이나 시험 성적 등 대부분의 경우가 정규 분포로 이루어져 있다고 생각했다.

그러나 망델브로는 면화의 가격 변동은 정규 분포보다 평균값에 많이 몰려 있으며 동시에 평균값에서 멀리 떨어진 지점의 값도 더 큰 분포인 레비 안정 분포^{Levy stable distribution}를 이룬다는 사실을 깨달았다. 프랑스 수학자 폴 레비^{Paul Lévy}가

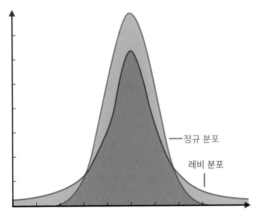

레비 분포

정규 분포

레비 안정 분포는 정규 분포보다 평균값에서 멀리 떨어진 극단적인 경우가 나타날 확률이 높으며, 이를 굵은 꼬리(heavy tail)라 한다.

고안한 레비 안정 분포는 일반적인 정규 분포와 비교해 극단적인 사건이 자주 일어나는 '꼬리가 굵은' 분포를 말한다.

망델브로는 면화 시장 외에도 정규 분포를 벗어나는 예외적인 사건이 주변에 얼마든지 일어난다는 사실을 설명했다. 그중 하나가 오늘날 수학, 자연과학, 공학은 물론 의학, 음악, 미술 등 다양한 분야에 활용되는 프랙털fractal 이다.

꾸불꾸불한 영국의 리아스식rias 해안선을 자세히 들여다보면 그 안에 같은 모양이 그대로 반복된 구조로 자기 유사성self-similarity을 가진 것이 보인다. 이 같은 패턴을 프랙털이라 하는데, '부서진'이라는 뜻의 라틴어 'fractus'에서 유래했다. 우리는 나뭇가지, 강줄기, 눈송이 등 자연 상태에서 프랙털을 흔히 찾아볼 수 있다.[6]

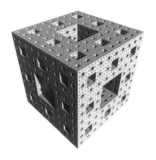

프랙털 구조로 이루어진 세르핀스키 삼각형과 멩거 스펀지

이 해안선의 길이를 측정하는 데 미터 단위의 측량 도구를 사용하면 그 길이를 대략 알 수 있지만, 수학적으로 정확한 길이를 측정하기 위해서는 이론적으로 무한소infinitesimal에 가까운 자를 이용해야 한다. 해안선의 모양은 전체와 똑같이 생긴 부분들로 이루어져 있기 때문이다. 또한 해안선에서 튀어나온 부분의 길이를 어떤 자로 재느냐에 따라 그 평균값과 분포 형태가 완전히 다르게 나타나는데, 이 분포 역시 면화 시장의 가격 변동과 마찬가지로 레비 안정 분포다.

참고로 앞서 예로 든 해안선은 1차원 프랙털의 선이다. 이는 폴란드 수학자 바츨라프 세르핀스키Waclaw Sierpinski가 제안한 2차원의 세르핀스키 삼각형, 그리고 오스트리아 수학자 칼 멩거Karl Menger가 언급한 3차원의 멩거 스펀지Menger sponge 등으로 확장된다.

망델브로는 프랙털과 면화 시장에서 얻은 아이디어를 금

이나 주식 등 다른 종류의 시장까지 확대했다. 이는 주식 시장에서 큰 가격 변동이 꽤 자주 일어남을 의미한다. 이후 과학자들은 카오스 이론과 복잡성 과학을 금융 시장에 적용하기 시작했다.

한편 프랙털은 유체와도 깊은 연관이 있다. 1장에서 소개한 난류의 구조 속에 프랙털이 숨어 있기 때문이다. 벨기에의 수리물리학자 다비드 뤼엘David Pierre Ruelle은 저서 『우연과 혼돈』에서 카오스 이론과 소용돌이치는 물 흐름의 연관성을 설명했다.[7]

경제학과 물리학, 그리고 수학의 콜라보

　바슐리에의 논문이 새뮤얼슨에 의해 발굴되고, 오즈본과 망델브로가 이를 더욱 발전시키면서 금융 시장에서 물리학의 역할이 커지기 시작했다. 그리고 흐름을 읽는 것이 중요한 금융 시장인만큼 경제학과 물리학의 만남은 지금까지도 수많은 시너지를 내고 있다. 그런데 이렇게 금융 시장에 활용되는 물리학과 떼려야 뗄 수 없는 관계인 학문이 또 있다. 바로 수학이다.

　특히 경제학의 경우 문과 계열의 학과 중 이과와 가장 근접해 있다. 거의 모든 경제학과의 교과 과정에 경제수학과 경제통계학이 들어가 있으며, 때로는 미적분학, 선형대수학, 해석학 등의 강의가 개설되기도 한다. 심지어 미국경제학회가 40세 이하 경제학자에게 주는 존 베이츠 클라크 메달John Bates Clark Medal을 수상한 MIT 경제학과의 파라그 파닥Parag Pathak 교수는 경제학이 아닌 미국 하버드대학교 응용수학과와 대학원을 졸업한 학자다. 그래서인지 파닥이 발표한 경제학 논문은 대부분 수식으로 가득 차 있다.[8] 경제학은 이제 숫자와 수식을 빼고 생각할 수 없는 학문이 되었다.

물리학과 응용수학이 학문을 넘어 경제학 중심의 월 가에 스며들면서 금융 산업에 획기적인 변화가 일어났다. 월 가에 물리학과 응용수학을 옮겨 심은 이는 미국의 경제학자 피셔 블랙Fischer Black 으로, 그는 하버드대학교에서 물리학을 전공하고 응용수학으로 박사 학위를 받았다. 블랙은 그의 전공이었던 물리학에서는 특별한 두각을 나타내지 못했지만 응용수학을 금융에 적용하면서 금전적인 대성공을 거두었다. 그가 1973년 캐나다 출신의 경제학자 마이런 숄즈Myron Scholes 와 함께 세운 블랙-숄즈 방정식Black-Scholes equation 은 시간에 따른 옵션의 가격을 설명하는 편미분 방정식이다.

$$\frac{\partial v}{\partial t} + \frac{1}{2}\sigma^2 s^2 \frac{\partial^2 v}{\partial s^2} + rS\frac{\partial v}{\partial s} - rV = 0$$

이 방정식은 놀랍게도 열의 전달을 기술하는 열전도 방정식의 형태와 비슷하다. 돈의 흐름과 열의 흐름을 유사한 방정식으로 설명할 수 있다는 의미다. 물리학자들은 이미 100여 년 전에 열전도 방정식의 해를 풀었고, 이 풀이 방식을 이용하면 블랙-숄즈 방정식의 답을 쉽게 구할 수 있다. 결과적으로 블랙-숄즈 모형이 금융 산업에 있어서 하나의 전환점이 된 것이다.

숄즈는 이러한 공로로 1997년 노벨 경제학상을 수상했지만 블랙은 후두암으로 이미 세상을 떠나 안타깝게도 수상자 명단에 오르지 못했다. 대신 미국금융학회가 그를 기려 40세 이하 경제학자에게 주는 '피셔 블랙 상'을 제정했는데, 이는 수학 분야에서 40세 이하 수학자에게 주는 최고 권위의 필즈 메달Fields Medal 만큼이나 영예로운 상이다.

물리학자와 수학자, 금융 시장에 뛰어들다

금융 시장에서 물리학자와 수학자들의 활약이 계속되는 가운데, 마침내 이론을 넘어서 실제 시장에서 수익을 꽃피운 사람들이 나타났다. 그 배경은 경제 전문지 『포브스』가 해마다 발표하는 세계 100대 부호 순위에 수학자가 포함된 것에서부터 시작된다. 사연의 주인공인 제임스 사이먼스James Simons는 MIT 수학과를 졸업하고, 캘리포니아대학교 버클리캠퍼스에서 박사 학위를 받은 뒤 하버드대학교에서 수학을 가르쳤다.

사이먼스는 수학자로서도 뛰어난 업적을 남겼다. 그는 1974년 중국 수학자 천싱선Shiing-Shen Chern과 함께 미분기하학과 이론물리학에서 중요하게 쓰이는 천-사이먼스 형식Chern-Simons form을 발견해 2년 뒤 미국수학협회로부터 베블런 상을 수상했다. 이 상은 미국 수학자 오즈월드 베블런Oswald Veblen의 업적을 기려 제정된 상으로, 3년마다 기하학 분야에서 가장 뛰어난 업적을 남긴 수학자에게 수여한다.

세계에서 가장 부유한 수학자 제임스 사이먼스

    이처럼 학계에서 승승장구하던 그가 세계 100대 부호가 된 배경은 무엇일까? 사이먼스는 1982년 44살의 나이에 자신의 수학 이론을 금융 시장에 적용하기 위해 월 가로 진출했다. 그가 설립한 헤지 펀드 운용사 르네상스 테크놀로지 Renaissance Technology 의 직원 대부분 역시 물리, 수학, 천문학, 통계학 등 자연과학과 공학을 전공했다. 또한 직원 300여 명 중 약 100명이 이공계 박사 학위를 가지고 있는데, 과학자에게 금융을 가르치는 것이 금융인에게 과학을 가르치는 것보다 훨씬 쉽다는 이유에서다.

    이를 바탕으로 대표 펀드인 메달리언 펀드는 연평균 30%의 수익률을 냈다. 그 결과 사이먼스는 연봉으로 2005년 15억 달러, 2006년 17억 달러, 2007년 28억 달러(약 3조 원)를 받아 전 세계 펀드 매니저 중 수입 1위에 올랐으며, 『포브스』에 따르면 2018년 기준 자산이 약 20조 원인 세계에서 가장 부유한 수학자가 되었다.[9] 금융 시장에서의 물리학과 수학 이론이 학문을 넘어서, 실제 수익을 내는 원천으로 이어진 것이다. 하지만 그의 소박한 연구실에는 책상과 소파, 책꽂이가 전부이며, 책꽂이에도 몇 권의 수학책과 가족사진이 담긴 액자만이 꽂혀 있다고 한다.

미국의 헤지 펀드 매니저 에드워드 소프 Edward Thorp 역시 수학을 통해 금융 시장에서의 성공을 이룬 인물이다. 소프는 미국 캘리포니아대학교 로스앤젤레스캠퍼스 대학원에서 양자물리학에 적용하는 수학 공식을 연구했는데, 그의 수학적 재능은 당시 MIT 석좌 교수이자 정보 이론의 아버지인 클로드 섀넌 Claude Shannon 을 만나며 더욱 무르익었다. 참고로 섀넌은 오늘날 너무나도 당연하게 받아들여지는, 0과 1을 사용해 컴퓨터 연산을 할 수 있다는 사실을 발견한 컴퓨터과학자다.

평소 카지노의 도박에 관심이 매우 많았던 소프는 블랙잭에서 카드 카운팅 card counting 을 이용한 최적의 전략을 완성했다. 이는 딜러가 나누어준 카드를 기억하여 앞으로 나올 카드 조합의 확률을 실시간으로 계산하는 방식이다. 소프의 아이디어에 크게 감명한 섀넌은 존 켈리 주니어 John Kelly Jr. 의 한 논문을 소개시켜 주었다.[10] 물리학을 전공한 켈리는 정보와 배당률을 바탕으로 어떻게 베팅해야 하는지를 정리한 켈리의 공식

Kelly criterion 을 정립했다.

$$F = P - \frac{1-P}{R}$$

(F는 배팅 비율, P는 승률, R은 손익비)

    켈리의 공식은 승률과 손익비를 정확히 알수록 최적의 배팅 비율을 찾을 수 있음을 의미한다. 이 공식으로부터 영감을 얻은 소프는 카드 카운팅을 이용하여 블랙잭에서 딜러를 이길 수 있는 방식을 찾아냈고 실제로 그 기술을 바탕으로 카지노에서 꽤 많은 돈을 벌었다. 그의 유명한 일화는 소설 『MIT 수학천재들의 카지노 무너뜨리기』와 블랙잭의 목표 숫자를 뜻하는 영화 〈21〉의 모티브가 되었다.[11] 또 소프는 섀넌과 함께 룰렛 위를 움직이는 공의 초기 위치와 속도 변화를 계산하여 최종 위치를 예측하는 룰렛 예측 시스템도 만들었다.

    소프는 기대대로 라스베이거스에서 꽤 많은 수입을 올렸지만 업장을 직접 방문해야 하는 번거로움이 있는 카지노보다 더 편안하고 큰 시장을 찾아 나섰다. 그 시장은 바로 주식시장이었다. 소프는 주식과 워런트 warrant 의 비율을 적절히 선택하여 거의 항상 수익을 올릴 수 있는 알고리즘을 만들었다. 워런트는 일정 수의 보통주를 일정 가격에 살 수 있는 권한이 있는 채권을 말한다. 델타 헤징 delta hedging 이라 부르는 이 전략을 이용하면 워런트의 가치가 높아졌을 때 주식 가격 역시 상승하여 워런트 공매도에서 입는 손실을 상쇄할 수 있다.

이로써 소프는 45년간 매년 20% 이상의 수익률을 올렸다. 전 세계적인 금융 위기가 찾아온 2008년, 그 역시 역대 최악의 수익률을 남겼는데 그 수익률이 무려 18%였다. 소프는 오랜 기간 카지노와 월 가에서 몸소 증명한 자신의 이론을 정리하여 『딜러를 이겨라』, 『나는 어떻게 시장을 이겼나』와 같은 저서를 출간하기도 했다.[12]

이 외에도 미국 컬럼비아대학교에서 이론물리학으로 박사 학위를 받은 이메뉴얼 더만Emanuel Derman 역시 금융 시장으로 선회한 물리학자다. 더만은 1985년 9월 투자 은행 골드만삭스에 입사해 블랙-더만-토이 모델Black-Derman-Toy model 등 다양한 수익 모델을 만들어 높은 수익률을 기록했다. 그 공로로 그는 1997년 전무로 승진했으며, 2000년에는 선가드 국제금융공학자협회에서 뽑은 올해의 금융공학자로 선정되었다.[13]

미래의 자산 관리

지금까지 수많은 경제학자와 물리학자, 수학자들이 금융 시장에서 활약하며 금융 산업을 발전시켜 온 궤적을 살펴보았다. 그렇다면 미래의 금융 시장은 과연 누가 지배하게 될까? 다시 말해 '돈의 흐름'을 누가 더 정확하게 읽고 예측할 수 있을까?

최근 인공 지능이 과학 기술을 넘어 의료, 교육, 법률 등 분야를 가리지 않고 입지를 확대하고 있다. 이런 트렌드에 맞게 금융 시장에도 인간 펀드 매니저를 대체할 자산 관리 서비스가 탄생했다. 바로 빅 데이터를 활용한 인공 지능과 머신 러닝 알고리즘으로 판단하는 로보어드바이저robo-advisor다. 로보어드바이저는 로봇robot과 투자 전문가advisor의 합성어로, 인간보다 객관적이고 합리적인 판단을 할 것이라는 기대에서 만들어졌다.

2016년 구글 딥마인드 챌린지 매치Google Deepmind Challenge

국내 로보어드바이저 시장 규모

1조 2250억 (원)

7890억

5081억

3272억

2017억

2016　2017　2018　2019　2020년

출처: 한국과학기술정보연구원

로보어드바이저의 시장 규모는 해마다 50% 이상의 성장률을 보일 것으로 예측된다.

Match에서 바둑 인공 지능 프로그램인 알파고AlphaGo가 수 싸움에서 이세돌 9단을 이겼듯이, 경우의 수를 판단할 때 감정적이고 경험에 의존하는 펀드 매니저보다 컴퓨터 프로그램이 더 나은 선택을 할 확률이 높다.

이에 더해 인공 지능은 사람을 직접 마주하지 않기 때문에 인건비와 그에 따른 수수료를 절감할 수 있다는 장점을 가지고 있다. 1장에서 날씨를 예측하는 데 유체의 흐름 분석을 슈퍼컴퓨터가 담당하게 된 것처럼 언젠가 금융 시장의 대부분도 인공 지능이 그 흐름을 읽어 내는 날이 오지 않을까.

6장

건축 속 흐름

위대한 건축은 인간이 위대하다는 가장 위대한 증거다.

Frank Lloyd Wright

　인간 생활에 필수 요소인 의식주衣食住 가운데 집의 마련은 인류가 탄생한 이후 지금까지도 해결되지 않은 문제다. 과거에는 안락한 보금자리의 확보가 생존과 직결되었다면, 오늘날 집은 삶의 질과 밀접한 관련이 있게 되었다.

　원시 시대에는 동굴 등 자연 공간을 활용해 보금자리를 마련했다. 동굴 안의 온도는 외부에 비해 일정한 편으로 여름에는 시원하고 겨울에는 따뜻하다. 중국의 동굴 주택 야오동窯洞은 황토 고원 지역에 굴을 파서 주거 공간으로 활용한 예다. 간단한 시공으로 인한 저렴한 건축 비용과 황토의 뛰어난 단열 효과로 냉난방에 유리하다는 점이 장점이다. 또한 터키의 괴레메에는 절벽에 있는 동굴에 인간이 거주했던 기록이 남아 있으며 현재는 이를 이색적인 호텔로 활용하여 관광객들의 발길을 끌고 있다.

　건축 기술과 주거 문화가 점차 발전하면서 원시 시대의 집은 진흙, 돌, 나무, 풀 등의 천연 재료를 사용하여 좀 더 안락한 형태로 진화했다. 당시 집의 역할이 단순히 비와 바람 등을 막

중국 산시성에 남아 있는 야오동에는 현재도 사람이 거주하고 있다.

는 데 그쳤다면, 현대에는 건축 기술의 발전으로 오히려 비와 바람을 효과적으로 이용하기도 한다.

그렇다면 건축물의 구성 요소에는 무엇이 있을까? 시멘트, 철골, 유리, 나무, 거푸집 등 고체 덩어리가 우선적으로 떠오른다. 우리의 인체 역시 건축물과 유사하게 골격과 장기, 피부로 이루어져 있다. 사람이 물과 공기를 끊임없이 들이마시고 혈액이 몸 곳곳을 순환하듯 건축물 역시 단단한 덩어리지만 그 내부를 가득 채우는 것은 공기와 물이다.

건축에서는 공기의 흐름, 즉 바람을 이용하여 환기를 시키고 냉난방을 가동한다. 비록 공기는 눈으로 볼 수도, 손으로 만

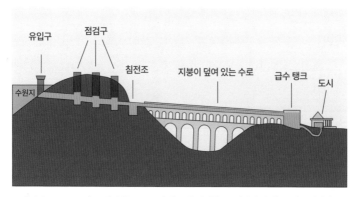

고대의 수도교는 도시 문명의 꽃으로 로마 제국이 번성할 수 있었던 가장 큰 원동력이었다.

질 수도 없지만 그 통로를 효율적으로 설계하는 일은 건축의 주요 요소다. 사람이 숨을 쉬듯, 건물도 외부 환경과 호흡하는 방식이 매우 중요하기 때문이다.

　건물의 난방에는 따뜻한 공기를 이용하는 방식 외에도 보일러로 물을 가열한 후 이를 순환시켜 바닥을 데우는 방식도 있다. 또한 상하수도 시설의 원활한 이용을 위해서는 수로의 정교한 설계가 필요하다. 수도꼭지에서 녹슨 물이 나오거나 변기가 막히면 일상생활에 큰 차질이 생기기 때문이다.

　'모든 길은 로마로 통한다'는 말처럼 로마 제국은 고대의 서양 문명을 대표하는 나라였다. 로마 제국이 2,000년 넘게 강대국으로서의 위상을 공고히 할 수 있었던 결정적인 이유는 상하수도의 발달 때문이었다. 일찍이 설치된 공공 수도는 도시의 문명 수준을 그대로 보여준다. 국가를 다스리는 일은 물을 다스리는 치수治水에서부터 비롯되었다고 해도 과언이 아니다.

특히 나폴리만 연안에 자리 잡은 폼페이에는 아직까지 남아 있는 수도교aqueduct가 도시의 혈관 역할을 담당했다. 고산지대의 수원지에서 도시로 물을 운송하기 위해 지어진 수도교는 항상 일정한 경사도와 수압을 유지할 수 있도록 설계되었다. 우리나라 수도 시설의 역사는 약 100년 정도이며 요즘에도 수돗물 오염 문제가 종종 발생하는데, 로마 제국의 경우 무려 2,000년 전에 각 가정에서 맑은 수돗물을 마실 수 있었다고 하니 그 사실이 새삼 놀랍다.

이처럼 흐름을 이용한, 그리고 이용하기 위한 건축은 현대에 와서야 비로소 생겨난 것이 아니다. 흐름을 통해 자연환경을 극복하는 동시에 이를 이용한 사례는 전통 건축에서도, 자연에서도 살펴볼 수 있다.

한옥의 여름과 겨울

    냉장, 냉방 기술의 발전으로 냉장고와 에어컨이 발명된 것은 약 수백 년밖에 안 되었지만 인류가 난방을 위해 불을 사용한 것은 수천 년이 넘었다. 그리스 최고의 신 제우스^{Zeus}가 감춘 불을 훔쳐 인간에게 내주었다는 프로메테우스^{Prometheus}의 신화는 불이 인류의 역사에 미친 거대한 영향을 잘 보여준다. 인류는 불을 사용하여 익힌 음식을 먹음으로써 질병으로부터 벗어날 수 있었고, 그 결과 인간의 평균 수명이 급격히 늘어났다.

    그뿐만 아니라 불은 인류를 추위로부터 해방시켰다. 서양에서는 벽난로를 사용하여 집 안의 공기를 훈훈하게 덥히는 방식을 사용한 반면, 우리나라의 전통 난방 시설인 온돌은 아궁이에 불을 때어 바닥을 따뜻하게 데우는 방식을 이용한다. 이 바닥은 구운 돌이라는 의미에서 '구들'이라 부른다. 잠자리로 침대를 사용하는지의 여부에 따라 서양과 우리나라의 난방

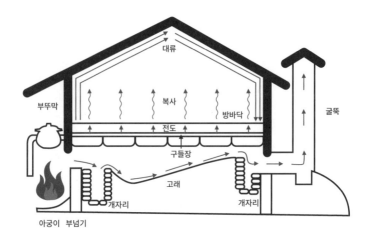

온돌 난방에는 대류, 전도, 복사 등 복합적인 과학 원리가 숨어 있다.

방식에 차이가 발생한 것이다. 그중에서도 특히 온돌 방식은 취사와 난방을 동시에 해결할 수 있다는 장점이 있다.

온돌에는 열전달의 세 가지 방식인 대류convection, 전도conduction, 복사radiation가 모두 이용된다. 대류는 유체가 흐르면서 열을 동반하는 현상, 전도는 매개체를 통해 열이 전달되는 현상, 복사는 매개체와 상관없이 전자기파를 통해 열이 전달되는 현상이다.

아궁이에서 땐 불의 열기는 대류에 의해 구들장 아래의 '고래'라는 공간으로 넘어간다. 아궁이에서 고래로 넘어가는 길목에는 '부넘기'와 '개자리'라는 구조물이 있는데, 이들은 열기를

한옥의 대청은 바람 통로로 여름을 나는 데 가장 적합한 공간이다.

가두는 역할을 한다. 구들장이 따뜻하게 데워지면 방바닥으로 열이 전도되며, 복사에 의해 방 전체의 온도가 상승한다. 그리고 구들장을 데우며 식은 열기는 굴뚝을 통해 빠진다.

난방이 불이라는 에너지원을 과학적 지식을 통해 적극 활용한 예라면 한옥의 냉장, 냉방 시설은 자연 현상을 이용한 것이다. 에어컨과 냉장고가 없던 시절, 더운 여름을 나기 위한 우리 조상들의 노력은 전통 건축에서 살펴볼 수 있다.

여름철 마당의 뜨거운 열기는 위로 상승하고 그 공간은 한옥 뒤편의 산으로부터 불어오는 서늘한 바람이 채운다. 날이 더울수록 공기의 밀도가 낮아져 더 빠르게 상승하고 산바람도 그만큼 더 세진다. 이러한 자연 대류natural convection로 인해 대청은 늘 시원함을 유지한다. 대청은 방과 방 사이를 연결하는

4

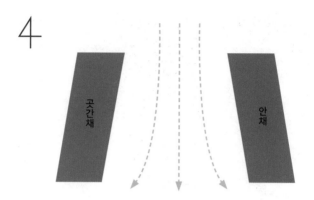

곳간채

안채

윤증고택은 다른 고택과 달리 건물을 엇비슷하게 설계하여 계절에 따라 바람을 효율적으로 이용한다.

공간인 동시에 바람 통로 역할도 하는 셈이다.[1]

참고로 뜨거운 사막에서 유목 생활을 하는 베두인Bedouin 족이 흰 옷이 아닌 검은 옷을 입는 이유도 비슷하다. 흰 옷에 비해 햇빛을 잘 흡수하는 검은 옷을 입으면 옷 안의 온도는 더 높아지지만 뜨거운 공기가 위로 상승하면서 외부의 공기를 순환시킨다. 이때 땀이 기화되며 열을 빼앗아 가기 때문에 오히려 시원함을 더 느낄 수 있다.[2]

충청남도 논산시에 위치한 윤증고택尹拯古宅은 자연 현상을 이용해 여름을 시원하게 보낼 수 있도록 설계된 한옥이다. 여기에서도 바람을 효율적으로 이용하기 위한 설계 의도를 찾아볼 수 있다. 나란히 서 있는 안채와 곳간채는 정확히 평행이 아니라 남쪽 간격은 넓고 북쪽 간격은 좁게 배치되어 있다. 넓은 공간에서는 바람의 속도가 느려지지만 통로가 좁아지면 질량 보존 법칙law of conservation of mass에 따라 속도가 빨라진다.

하지만 비행기처럼 0.3Ma(370km/h) 이상의 매우 빠른 속도의 바람이 아닌 일반적인 바람의 경우, 공기는 거의 압축되지 않는다. 따라서 한옥 사이 공기의 흐름을 비압축성 유동incompressible flow이라 가정하면 다음과 같은 수식이 성립한다.

$$Q = V \cdot A = 일정$$

(Q는 유량, V는 유속, A는 단면적)

이러한 원리를 바탕으로 남쪽 간격을 넓게 지으면 여름에 남동풍이 불 때 바람이 한옥 사이를 통과하면서 북쪽에서의 바람 속도가 더 빨라진다. 한옥에서 반찬을 보관하는 창고인 찬광을 북쪽에 위치시키는 이유다. 반면에 겨울에는 북서풍이 불기 때문에 남쪽에서 바람의 속도가 점점 느려져 한기가 누그러진다.

자연 에어컨, 풍혈

여름철의 냉기를 이용한 또 다른 예로 풍혈風穴이 있다. 풍혈은 깊은 산속의 바위 틈에서 사시사철 10℃ 안팎의 공기가 새어 나오는 구멍을 말한다. 여름에는 차가운 공기가, 겨울에는 상대적으로 따뜻한 공기가 나온다. 선조들은 여기서 무더운 여름을 나기도 했는데, 오늘날에는 현대 과학으로도 완벽히 설명되지 않는 미스터리한 현상을 관찰할 수 있는 관광지로서의 역할을 하고 있다.

이 신비로운 현상에 대해 다양한 관점의 과학적 연구가 이루어졌다. 대한설비공학회 자연식 공기조화 전문위원회에서 발표한 논문에 따르면 풍혈은 대체로 비슷한 지형에서 만들어지는데, 모두 북향으로 일사량이 적고 경사가 심하며 암석이 듬성듬성 쌓여 그 사이로 바람이 쉽게 통하는 위치라는 공통점이 있다. 전라북도 진안군 대두산 기슭의 풍혈이 대표적이며 한여름에도 6℃의 차가운 바람이 나와 자연 에어컨으로 불린다.[3]

한여름에도 차가운 냉기가 흘러나오는 풍혈

　또 일반인들에게도 널리 알려진 경상남도 밀양시의 얼음
골 역시 풍혈의 한 형태로 오래전부터 과학자들의 관심을 받아
왔다. 그중 한 예로 1968년 서울대학교 김성삼 교수가 공기가
단열 팽창adiabatic expansion을 하며 주변의 열을 흡수한다는 대
기팽창설을 한국기상학회지에 발표했다.[4] 이후로도 여러 이론
들이 대립하며 풍혈의 미스터리를 풀기 위한 노력이 계속되었
다. 연구진들은 지하에 얼음이 장기간 저장된다, 물이 기화하
면서 열을 빼앗아 간다 등 각기 다른 의견을 주장했지만 아직
까지 완벽한 결론은 내려지지 않았다. 이런 신기한 현상이 나
타나는 우리나라의 다른 곳으로는 충청북도 제천시의 능강 계
곡, 경상북도 의성군의 빙계 계곡, 강원도 정선군 신동읍 등이
있다.[5]

더운 나라들의 전통 건축

우리나라의 여름보다 무더운 다른 나라들은 더위를 어떻게 이겨냈을까? 2017년 여름철 최고 기온 54℃를 기록했던 이란에는 도심 곳곳에 독특한 구조물이 서 있다. 이란의 전통 가옥에 설치된 바드기르^{badgir}다. 여기서 'bad'는 바람, 'gir'는 잡는 것이라는 뜻으로, 바드기르는 펄펄 끓는 열기를 식히기 위한 바람탑이다.

통풍구를 통해 바깥의 차가운 바람이 탑 안으로 들어오면 더운 공기는 밀도가 낮기 때문에 위로 상승하여 반대편 통풍구로 빠져나간다. 이때 추가적으로 차가운 공기가 아래로 하강하면서 항아리의 물을 증발시켜 열을 빼앗는데, 일종의 자연식 에어컨이라 할 수 있다. 바드기르는 매우 단순한 구조이지만 그 안에는 온도 차이에 의한 밀도류^{density current}, 대류 현상, 증발과 잠열^{latent heat} 등 다양한 과학 원리가 숨어 있다.

비슷한 원리의 야크찰^{yakhchal} 역시 기원전 400년에 페르

자연 현상을 이용한 바람탑 '바드기르'와 냉장 창고 '야크찰'은 이란의 전통 건축물이다.

시아에서 발명된 증발식 냉장 창고다. 'yakh'는 페르시아어로 얼음을, 'chal'은 웅덩이 또는 그릇을 뜻한다. 바드기르와 마찬가지로 물이 증발하면서 주변의 열을 빼앗아 온도를 낮추는 방식이다.[6]

　　냉장에는 냉기를 만드는 것 못지않게 외부의 열기가 내부로 침투하지 못하도록 단열을 철저하게 하는 것 또한 중요한데, 현대의 냉장고의 경우 단열재로 우레탄 폼urethane foam 을 사용한다. 폴리우레탄으로 만드는 우레탄 폼은 스펀지나 스티로폼처럼 구멍이 많은 다공성 제품으로 열전도율이 낮고 방음에도 효과가 있어 단열재 또는 흡음재로 널리 쓰인다.

　　야크찰에는 당시 자연에서 구할 수 있는 재료 중 가장 효과적인 점토를 주 단열재로 활용하였다. 점토에 진흙뿐 아니라 모래, 염소 털, 계란 흰자 등이 포함되었다고 전해진다. 이렇게 만들어진 야크찰의 내부 온도는 밤에는 영하로 떨어져 얼음을 얼릴 수 있을 정도였다. 참고로 현대 건축물인 라프산

잔 스포츠 콤플렉스Rafsanjan Sport Complex는 야크찰의 냉방 원리를 그대로 이용해 지어졌다.

　　한편 고대 로마에서는 한여름의 뜨거운 열을 식히기 위한 방법으로 바람이 아닌 물을 활용했다. 저택의 중앙 정원에 위치한 연못 임플루비움impluvium이 그 예다. 바닥 아래 쪽에 자갈과 모래를 깔아 비가 올 때 수조에 모인 물이 이를 통과하면서 불순물을 거르도록 설계한 것이다. 평소 임플루비움은 비열specific heat이 큰 물을 이용하여 정원의 온도를 일정하게 유지시켜 주는 역할을 한다. 일상생활에 다양하게 쓰이는 물의 온도와 수질 관리 문제를 동시에 해결한 셈이다.

초고층 빌딩과 바람

옛사람들이 무더운 여름을 나고, 음식을 신선하게 보관하는 등 생존을 위해 흐름을 활용했다면, 현대에 이르러서는 아름다움과 편의를 위한 흐름의 지혜가 요구되고 있다. 특히 초고층 빌딩 등 건축 양식들이 복잡하고 고도화되면서 건축에서의 흐름에 대한 지식은 그 중요성이 점점 더 강조되고 있다.

초고층 빌딩으로 유명한 뉴욕의 엠파이어스테이트 빌딩 (381m)은 20세기 건축의 아이콘으로 2007년 미국건축가협회가 주관한 설문 조사에서 미국인들이 가장 사랑하는 건물로 선정되었다. 이 빌딩은 총 102층으로 1931년 건설되어 40년 넘게 세계 최고층 건축물로서의 위상을 지켰다. 현재 기준으로도 매우 높은 빌딩이기에, 당시의 압도적인 존재감을 쉽게 예상할 수 있다. 참고로 당시 우리나라는 2층 목조 건물이 막 지어지던 시기로 1937년에 지어진 6층짜리 화신백화점이 경성의 최고층 건물이었다.

이제는 더 높은 건축물이 많아졌지만 엠파이어스테이트 빌딩은 여전히 마천루의 대명사로 통한다.

엠파이어스테이트 빌딩은 영화 〈킹콩〉, 〈시애틀의 잠 못 이루는 밤〉 등에 배경으로 등장했는데, 이후 더 높은 건물들이 전 세계적으로 많이 지어졌지만 여전히 마천루의 대명사처럼 여겨지고 있다. 현재 세계에서 가장 높은 빌딩은 아랍에미리트의 부르즈 할리파(828m)이며, 건설 중에 있는 사우디아라비아의 제다 타워는 무려 1,007m로 2021년 완공 예정이다.

미국에 엠파이어스테이트 빌딩이 있다면, 국내에는 63빌딩(250m)이 있다. 1983년 완공된 63빌딩은 당시 아시아에서 가장 높은 건물로 20년간 우리나라 초고층 빌딩의 상징이었다. 그러나 현재는 63빌딩보다 더 높은 롯데월드 타워(555m), 송도 포스코 타워(305m), 해운대 두산위브더제니스(300m) 등이 세워진 것은 물론, 이제는 국내에서 100번째로 높은 건물의 높이가 180m 수준이 되어 도시에서 초고층 빌딩을 찾는 일이 그리 어렵지 않게 되었다.

이로 인해 마천루가 가득한 도심에는 예전과 다른 기류가 형성되기도 한다. 바로 도시풍urban wind 또는 빌딩풍building wind이라 불리는 바람이다. 영화 〈7년 만의 외출〉에서 스커트가 바람에 날리는 장면으로 유명한 마릴린 먼로Marilyn Monroe의 이름을 따서 '먼로 바람Monroe wind'이라고도 불린다. 먼로 바람은 상공의 바람이 빌딩 사이의 좁은 통로를 지날 때 풍속이 갑자기 빨라지는 현상이다. 앞서 '한옥의 겨울과 여름'에서 설명했듯이 유량이 일정할 때 단면적이 좁아지면 속도가 증가하기 때문이다.

바로 이 지점이 흐름에 대한 이해가 필요한 부분이다. 바람은 초고층 빌딩을 건설할 때 고려해야 할 주요 요소다. 세계 최고층 빌딩인 부르즈 할리파의 설계를 담당한 미국 건축가 윌리엄 베이커William Baker 역시 초고층 빌딩을 지을 때 가장 고민하는 문제는 건물의 무게나 지진이 아닌 바람이라고 이야기한 바 있다.

바람이 건물을 만나면 양쪽으로 갈라지며 소용돌이가 발생하는데, 심할 경우 이로 인해 건물이 흔들린다. 이때 바람과 빌딩의 진동수가 일치하면 박자를 맞추어 그네를 밀듯이 점차 많이 흔들리게 되므로 빌딩의 최상단에 변칙적인 구조물을 설치하여 바람을 교란시켜야 한다.

그렇다면 현대의 초고층 빌딩들은 바람의 위험에 어떻게 대처하고 있을까? 뉴욕 다음으로 마천루가 많은 시카고의 초고층 빌딩들은 저마다 바람에 대비한 장치가 있다. 바람의 도시Windy City라는 별칭을 갖고 있는 시카고는 유독 강한 바람이 자주 부는데, 이곳에 현재 건설 중인 101층 빌딩 비스타 타워Vista Tower는 독특한 구조로 바람의 위험성을 줄였다. 비스타 타워의 건축가 진 갱Jeanne Gang은 83층을 아예 바람통로층blow-through floor으로 설계하였다. 기존의 초고층 빌딩들은 바람이 통할 수 있는 일부 공간을 마련한 수준인 것에 반해, 비스타 타워는 한 층을 완전히 비워 어느 방향에서 아무리 강한 바람이 불어도 건물이 흔들리지 않도록 했다.

그렇다면 우리나라는 어떨까? 인천 송도의 더샵퍼스트월드(64층)는 상층부에 동조액체댐퍼Tuned Liquid Column Damper라 부르는 진동 감쇄용 물탱크를 두어 바람에 대비하고 있다. 바람에 의해 건물이 흔들리면 탱크 안의 물이 관성으로 인해 반대로 움직여 진동을 줄이는 원리다. 바람의 흐름으로 인한 위험성을 물의 역 흐름을 이용하여 대비하는 일종의 이이제이以夷制夷다.

간혹 건축물을 일부러 어느 정도 흔들리게끔 설계하기도 한다. 건축물이 너무 단단하면 쉽게 파괴될 수 있기 때문에 최소한의 유연성을 확보하는 것이다. 건축적인 측면에서 보면 '부러질지언정 굽히지 않는다'라는 절개와 충의의 상징인 대나무보다 아무리 센 바람이 불어도 휘어질 뿐 부러지지 않는 갈대가 더 적합한 셈이다.

이처럼 초고층 빌딩은 돌풍을 포함한 여러 위험성을 가지고 있기 때문에 건축법상의 규정도 까다로운 편이다. 국내 건축법에 의하면 높이가 200m가 넘거나 50층 이상인 건물을 초고층 건축물로 정의한다. 관련 법규에 따르면 여기에 속한 건축물은 피난 안전 구역을 별도로 마련해야 하고, 규모 6.0 이상의 내진 설계를 갖춰야 하는 등의 규제를 충족해야 한다. 이는 최근 건설되는 대다수 고층 아파트의 최고층이 49층인 이유이기도 하다.

한편 초고층 빌딩 주변에 발생하는 강한 바람으로 인한 피해를 막는 데 그치지 않고 오히려 이를 적극 활용한 사례도 있다. 영국 건축가 막스 바필드Marks Barfield가 설계한 스카이하우스Skyhouse가 대표적인 예다.[7] 이 아파트는 도시형 풍력 발전 기술을 접목해 큰 화제가 되었다. 건물 사이에서 자연적으로 발생하는 상승 기류를 활용한 것으로 바람이 강하게 부는 위치에 풍력 발전기를 두어 전기를 모으는 방식이다.

또 고층 빌딩 사이의 바람길이 최근 심각한 환경 문제로 대두되는 미세 먼지 저감을 위한 수단으로도 논의되고 있다. 고층 빌딩의 고도와 배치를 고려해 도시 외곽의 바람을 도심으로 끌어들여 대기 정체를 완화시킨다는 아이디어다. 독일의 슈투트가르트는 바람이 잘 통하도록 시내 전역을 재설계하였다. 숲을 비롯한 녹지 조성을 통해 미세 먼지 문제와 열섬 현상heat island effect을 해결한 사례로도 유명하다.

초고층 빌딩은 건물과 건물 사이에 부는 돌풍뿐만 아니

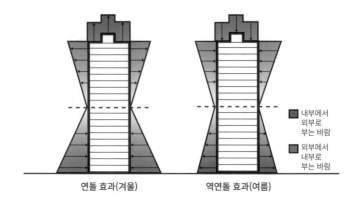

내부에서
외부로
부는 바람

외부에서
내부로
부는 바람

|연돌 효과(겨울)|역연돌 효과(여름)|

건물 내부와 외부의 온도 차이가 큰 겨울철에 연돌 효과가 심하게 나타난다.

라 건물 외부와 내부 사이의 압력 차이로 인한 바람을 만들기
도 한다. 자연 환경에 노출된 외부와 냉난방이 가동되는 내부
의 온도 차이에 의해 공기 밀도의 차이가 생기고 이로 인해 압
력 구배pressure gradient가 발생하기 때문이다. 따라서 외부와 내
부의 온도 차이가 큰 겨울에 바람이 세게 불고, 온도 차이가 작
은 봄과 가을에는 바람이 거의 불지 않는다. 이 바람은 밀도 차
이에 의해 위로 상승하는 굴뚝에서의 공기 흐름과도 유사하여
굴뚝 효과chimney effect 또는 연돌 효과stack effect 라고도 한다.

이 효과로 인해 출입문의 개폐가 어렵거나, 침기와 누기가
발생하거나, 환기와 배기 설비에 문제가 발생하기도 한다. 이
러한 문제점을 최소화하기 위해서는 기밀화氣密化를 통해 외부
와 내부 사이의 기류를 최대한 차단해야 한다.[8]

동물들의 집 짓기

    이처럼 인류는 수천 년에 걸쳐 동굴에서부터 초고층 빌딩까지 건축 기술을 점차 발전시켜 왔다. 한편 동물들의 경우 별도의 건축학을 배우지 않았음에도 불구하고 주어진 환경 내에서 스스로에게 최적화된 집을 짓는다. 특히 비버^{beaver}는 집을 짓기 위해 태어났다고 해도 과장이 아닐 정도로 평생을 건축에 힘을 쏟는다. 짝을 맺은 비버는 보금자리 마련을 위해 먼저 수 미터 규모의 댐을 짓는다.

    비버는 댐의 재료로 근처에서 구할 수 있는 나뭇가지와 돌, 진흙, 풀잎, 나뭇잎 등을 주로 이용하는데, 심지어 자신을 잡기 위해 놓은 덫까지 재료로 가져다 쓸 정도로 영리하다. 이때 비버는 냇물 흐름의 특성과 수압을 고려하여 댐을 짓는데, 수압이 지나치게 셀 경우 물을 옆으로 흘려주는 별도의 방수로^{tailrace}를 만들기도 한다. 아마도 유체역학을 본능적으로 알고 있는 듯하다.[9]

비버가 냇가에 직접 지은 댐과 집

　댐을 완성한 후에는 본격적으로 오두막을 짓는다. 물속의 오두막이 무너지지 않도록 나뭇가지들을 견고하게 쌓고 빈틈은 진흙으로 메워 외부의 바람을 차단한다. 이렇게 지어진 오두막 내부는 추운 날씨에도 따뜻함을 유지하는데, 나무와 진흙이 단열재 역할을 하기 때문이다.

　비버가 물속에서 뛰어난 건축술을 보여준다면 거미는 공중의 건축가다. 아무 것도 없는 허공에 집을 지을 수 있는 동물은 배 속에 실을 만들고 뽑아내는 기관을 가지고 있는 거미뿐이다.

　거미는 먹이를 먹은 뒤 20분이 지나면 거미줄에 필요한 단백질을 합성할 수 있다. 거미의 배 속에서 점성을 가진 액체 상태로 존재하는 단백질이 가느다란 관을 통과하면서 물이 제거되고 산성 물질과 만나 탄력 있는 거미줄이 만들어진다.

　나뭇가지에 자리 잡은 거미는 반대편 나뭇가지로 실을 뿌려 다리를 만든다. 그리고 이 다리를 오가며 계속해서 새로운

거미줄은 동일한 굵기의 철강보다 튼튼하다.

줄을 만들고 단단하게 연결한다. 거미는 자신이 만든 거미줄에
스스로 갇히지 않기 위해 끈끈한 실이 아닌 마른 실을 적절히
뿜어내고 그 위를 오가며 줄을 설치한다. 거미줄은 너무 가늘
어서 잘 보이지 않지만 어지간한 바람에도 끄떡없을 만큼 튼튼
하다. 거미는 매일 체중의 10%에 달하는 거미줄을 만들 수 있
으며, 흐트러진 거미줄을 다시 먹어 재활용하기도 한다.

　신소재를 연구하는 과학자에게 거미줄은 신비의 대상이
다. 거미줄의 단위 면적당 강도는 철강의 5배 수준으로 알려져
있어 거미 몸무게의 1,000배 되는 무게도 견딜 수 있다. 인간
이 건축에 사용하는 강도 높은 자재인 철강도 거미줄에 비하
면 매우 약한 편이다.

거미줄은 강도뿐만 아니라 쉽게 구부러지고 휘어지는 성질인 탄성도 가지고 있다. 미국 MIT 연구진은 우연히 거미줄이 습도에 따라 매우 민감하게 반응하는 현상을 관찰했다. 거미줄은 머리카락이나 동물의 털과 달리 습도가 증가할 때 뒤틀리며 심하게 수축하는데 이를 과수축supercontraction 이라 한다. 거미줄의 이러한 수축 기능은 인공 근육의 개발에도 적용할 수 있을 것으로 기대된다.[10]

아프리카 흰개미집에서 배우다

　　지난 수천, 수억 년간 동식물은 자연 환경에 최적화된 모습으로 진화했다. 인류의 과학 기술은 달나라에 사람을 보낼 정도로 발전했지만 한편으로는 인간의 지식으로 이해할 수 없는 자연의 영역이 아직까지도 넓게 존재한다. 그래서 자연으로부터 배우자는 취지에서 동식물의 구조나 행태를 그대로 모사하여 기술에 응용하는 학문, 즉 생체모방공학biomimetics 이 현대에 와서 각광 받고 있다.

　　스위스 발명가 조르쥬 드 메스트랄George de Mestral 은 어느 날 사냥을 갔다가 갈고리 모양의 엉경퀴가 옷에 잔뜩 달라붙어 떨어지지 않는 현상을 관찰했다. 여기서 아이디어를 얻은 벨크로 테이프velcro tape , 일명 찍찍이hook and loop fastener 는 손쉽게 탈부착이 가능하여 오늘날 의류와 신발 등 여러 분야에서 사용된다. 프랑스어로 벨벳을 의미하는 벨루르velour 와 갈고리를 뜻하는 크로셰crochet 를 합쳐 벨크로라는 이름이 붙었는데,

이는 제품명이자 기업명이기도 하다.

한편 단단한 전복 껍데기는 탄화칼슘으로 이루어져 있다. 이 탄화칼슘의 구조와 배열은 포탄에도 끄떡없는 탱크의 외피를 만드는 연구에 응용되었다. 또한 홍합은 족사^{byssus}라 부르는 액체 단백질을 분사하는데 이는 인공 접착제보다 강력하다. 이렇게 세라믹보다 더 강한 족사의 접착력을 이용해 찔러도 피 한 방울 안 나는 주사 바늘이 개발되었다. 족사를 모사한 생체 접착제를 주사 바늘에 매우 얇게 코팅하면 건조 과정에서 박막이 형성된다. 이 박막이 혈액과 닿으면 빠르게 연성 소재로 바뀌면서 혈장 단백질과 결합하여 주사 바늘 구멍을 막는 것이다.[11]

자연으로부터 얻은 지혜는 건축에도 널리 활용된다. 매우 춥거나 더운 지역에서 건물을 지을 때는 냉난방의 효율을 올리는 데 더욱 깊은 관심을 기울인다. 극한적인 온도의 환경에서 냉난방에 소모되는 에너지의 양은 상상을 초월하기 때문이다. 적은 에너지로 효과적인 냉방을 하기 위해 건축가들은 흰개미로부터 아이디어를 얻었다.

개미들은 보통 땅속에 굴을 파고 통로를 연결하여 그 안에서 생활하는데, 아프리카에서 볼 수 있는 흰개미집$^{termite\ mound}$은 이와 달리 매우 독특하다. 흰개미들은 오랜 시간에 걸쳐 마치 탑처럼 생긴 2~5m 높이의 건축물을 짓는다. 100만 마리가 넘는 흰개미들이 유기적으로 움직이며 집을 짓는 모습은 인간의 집단 지성 못지않다. 길이가 수 밀리미터에 불과한 개미가

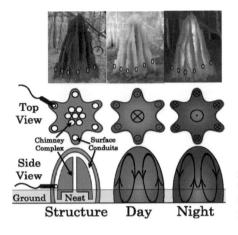

흰개미집의 환기 시스템은
낮과 밤에 서로 다르게
작동한다(Hunter King et al.,
2015).

수 미터 높이의 튼튼한 건축물을 짓는다는 사실도 놀랍지만 그 안에는 더욱 놀라운 냉방 기술이 숨어 있다.

뜨거운 여름의 한낮 바깥 온도가 35℃를 넘어도 흰개미집의 실내 온도는 30℃ 이하를 유지한다. 흰개미는 먹이로 사용할 버섯을 키우는데, 버섯균이 나무와 풀을 분해하는 과정에서 나오는 열이 자연적으로 방출된다. 이 열은 공기의 밀도를 낮추어 위로 밀어 올리는데, 앞서 설명한 한옥 마당에서 상승 기류가 발생하는 것과 같은 원리다. 대류로 인해 외부 공기가 실내에 유입되면서 지속적으로 공기가 순환한다. 이때 이산화탄소 역시 열과 함께 순환하여 흰개미들이 질식하지 않고 생활할 수 있게 한다.

2005년 미국 하버드대학교 연구진이 흰개미집을 잘라 단면을 살펴본 결과 중심과 외곽에 여러 개의 구멍이 발견되었다. 각각의 구멍은 서로 연결되어 공기의 흐름을 원활하게 한다. 연구 결과에 의하면 구멍들의 유기적인 구조로 인해 외기 온도outdoor temperature가 23℃에서 30℃로 변하더라도 흰개미집의 내부 온도는 27℃를 유지한다는 사실이 밝혀졌다.[12]

아프리카 짐바브웨 출신의 건축가 믹 피어스Mick Pearce는 어린 시절 자주 봤던 흰개미집으로부터 영감을 얻어 10층 규모의 이스트게이트 센터Eastgate Centre를 설계하였다.[13] 평균 기온이 40℃에 육박하는 짐바브웨의 수도 하라레에 위치한 이 건물은 흰개미집의 원리를 이용하여 지어졌다. 센터의 꼭대기에 63개의 통풍구가 있어 이를 통해 더운 열기가 빠져나가고 지하의 차가운 공기가 내부로 들어오는 구조로, 에어컨이 없이도 항상 적정 온도를 유지한다. 같은 크기의 다른 건물과 비교했을 때 냉방에 사용하는 전력이 10%에 불과하며 이를 통해 상당한 비용을 절감할 수 있다. 이처럼 인류는 아직도 자연에서 배울 것이 많다.

벌집의 비밀

흰개미집처럼 동물들의 건축물에서 아이디어를 얻어 인간의 건축에 적용하는 분야를 자연 모사 건축biomimetic architecture이라 한다. 1882년부터 짓기 시작하여 아직도 공사 중인 스페인의 사그라다 파밀리아Sagrada Familia 성당 역시 건축가 안토니 가우디Antoni Gaudi가 자연에서 영감을 얻어 설계한 것이다. '사그라다'는 성스럽다는 의미이고 '파밀리아'는 가족을 뜻하는데, 성당의 천장은 잎사귀, 천장을 받치는 기둥은 나뭇가지의 형상을 따온 것이다.

가우디는 "모든 것이 자연이라는 한 권의 위대한 책에서 나오며, 인간의 작품은 이미 인쇄된 책이다"라고 말했을 정도로 자연의 위대함을 예찬했다. 사그라다 파밀리아 성당이 설계도대로 완공되면 첨탑의 높이가 170m인 세계에서 가장 높은 성당이 된다. 참고로 높이가 170m인 이유는 바르셀로나의 몬주익 언덕이 171m라는 점을 감안한 것으로 인간의 작품이 신을 넘어서면 안 된다는 가우디의 겸손한 의도가 담겨 있다고 전해진다.

벌 역시 매우 뛰어난 자연의 건축가다. 벌집^{honeycomb}의 대명사인 육각형 구조는 수학적으로 가장 효율적인 공간이다. 정다각형 중 동일한 모양으로 평면을 빈틈없이 채울 수 있는 도형은 정삼각형, 정사각형, 정육각형뿐이며, 정오각형이나 정칠각형 이상의 정다각형 또는 원형으로는 불가능하다. 이러한 이유로 벽면에 붙이는 타일 역시 대다수가 정삼각형, 정사각형, 정육각형이다. 이 중 정삼각형이나 정사각형과 비교하여 정육각형이 갖는 장점은 동일한 테두리 길이로 가장 넓은 면적을 확보할 수 있다는 점이다. 다시 말해 동일한 면적일 경우 정육각형의 둘레가 가장 짧다는 것을 의미하고, 이는 벌집을 지을 때 재료가 덜 소모된다는 뜻이기도 하다.

참고로 이처럼 같은 모양의 조각들을 서로 겹치거나 틈이 생기지 않게 늘어놓아 평면을 덮는 것을 테셀레이션^{tessellation} 또는 타일링^{tiling}, 우리말로는 쪽매맞춤이라 한다.[14] 테셀레이션은 수학뿐만 아니라 미술에서도 널리 활용되는데, 보도블록이나 조각보 같은 생활 디자인에도 필수적이다. 네덜란드 판화가 모리츠 에셔^{Maurits Cornelis Escher}는 테셀레이션 예술가로 유명하다. 에셔는 반복적인 패턴과 차원의 변형을 통해 수학적 개념이 내포된 판화를 완성했다. 또한 테셀레이션은 재료과학의 한 분야인 결정학^{crystallography}에서 결정질 물체의 구조와 성질에 대해 연구하는 데에도 활용된다.

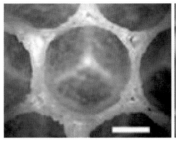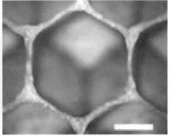

처음 만들어진 벌집은 원통형이지만 시간이 지나면서 점차 육각형으로 변한다(B. L. Karihaloo et al., 2013).

    한편 영국의 생물학자 찰스 다윈^{Charles Darwin}은 벌집에 대해 공간과 재료의 낭비가 전혀 없는 완벽한 구조라 극찬했다. 이처럼 최소한의 재료로 최대한의 공간을 만들 수 있는 벌집 구조는 가장 경제적이며 구조적으로도 안정적이다. 따라서 가벼우면서도 튼튼해야 하는 항공기의 몸체나 골판지, 샌드위치 판넬 등에 많이 사용된다.

    그러나 널리 알려진 바와 달리, 벌집이 완성된 초기에는 원통형이었으나 시간이 지남에 따라 표면장력에 의해 육각형 구조로 변형된 것이라는 사실이 밝혀졌다. 영국 카디프대학교 공학부 부산 카리할루^{Bhushan Karihaloo} 교수는 벌이 집을 짓고 있는 과정의 막바지에 연기를 피워 벌을 내쫓은 후 이를 살펴본 결과 벌집이 원통형임을 확인했다.

    벌집의 주재료인 밀랍은 벌의 배 속에 있을 때는 거의 고체라 할 수 있을 정도로 점성이 매우 강하다. 벌의 체온이 상승하면 밀랍은 점차 끈적한 액체로 변신하며 밖으로 배출된다. 이때 벌은 집을 원형으로 만드는데, 아직 따뜻한 밀랍은 점성 유체로 유동성을 갖고 있어 원통과 원통 사이를 스스로 채우고 마침내 육각형으로 변형된다.[15]

이는 하나의 비누방울은 구형이지만 여러 개가 합쳐지면 육각형 모양을 가지게 되는 것과 유사하다. 그 형태가 표면적을 최소로 하는, 즉 자연적으로 가장 안정적인 상태이기 때문이다. 애초에 벌이 의도적으로 기하학 지식을 건축에 접목한 것이 아니라 표면장력이라는 유체역학적 현상에 의해 자연스럽게 최적의 구조가 만들어졌다는 이야기다.

이처럼 벌집은 밀랍을 가열하여 만들어진 것이기 때문에 만약 외부의 온도가 지나치게 높아지면 다시 유동성을 갖게 되어 결국 벌집은 무너져 내린다. 따라서 여름철 한낮 온도가 35℃를 넘으면 벌들은 끊임없는 날갯짓으로 뜨거운 공기를 밖으로 배출하고, 서늘한 공기를 안으로 불어 넣어 내부 온도를 유지한다. 또한 몇몇 벌들은 물방울을 들고 와서 벌집에 뿌려 온도를 낮추기도 한다. 벌들은 건축학적 구조 지식은 모르더라도 유체역학 지식을 이용해 온도를 조절하는 법은 알고 있었던 것이다.

7장

스포츠 속 흐름

끝날 때까지 끝난 것이 아니다.

Yogi Berra

더 빨리, 더 높이, 더 강하게Citius, Altius, Fortius! 올림픽 모토의 첫 문구에서 볼 수 있듯이 달리기나 수영, 사이클 등 다수의 스포츠는 속도로 승부를 가린다. 이는 물리적으로 물 또는 공기, 즉 유체 저항과의 싸움을 의미한다. 선수들은 0.001초의 기록을 단축하기 위해 4년간 피나는 훈련을 하고, 심지어 몸의 털까지 제거하기도 한다. '1,000분의 1초 그 차이를 위하여'라는 카피로 유명한 이온음료 광고에서는 머리카락을 미는 수영 선수를 보여주기도 했다. 과거의 스포츠가 선수들의 기본 체력과 실력에 의해 승패와 순위가 좌우되었다면 신체 능력의 발전이 거의 극한에 다다른 현대 스포츠에서는 유체와의 저항, 즉 유체역학이 빼놓을 수 없는 중요한 요소가 되었다.

2000년 호주 시드니 올림픽에 처음 등장한 전신 수영복은 선수들의 기록을 파격적으로 앞당겼다. 특히 수영 용품 회사인 스피도speedo의 '패스트스킨Fastskin'은 상어 껍질의 미세 돌기인 리블렛riblet을 모사한 전신 수영복으로 기존 수영복이나 피부와 비교하여 물과의 저항을 상당히 줄였다. 기존 수영복

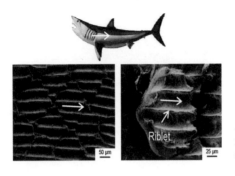

상어 껍질 표면을 모사하여
개발한 전신 수영복은 선수들
의 기록을 상당히 단축시켰다.

의 매끈한 표면과 달리 리블렛이 있는 패스트스킨의 거친 표
면은 소용돌이를 발생시켜 물의 저항이 감소된다. 이에 선수
들은 앞다투어 전신 수영복을 착용하기 시작했다.[1]

이를 계기로 어느 순간부터 올림픽에서 수영 부문은 선
수들의 실력 경쟁이 아닌 수영복 대결이 되었고, 대회마다 신
기록이 무더기로 양산됐다. 국제수영연맹은 이를 기술 도핑
technology doping 으로 인식하고 2010년부터 전신 수영복의 착용
을 금지했다. 약물 이외의 이유로 도핑을 결정한 것은 극히 이
례적인 사건이었다.[2]

수영과 달리 사이클이나 마라톤, 쇼트트랙 등 개개인의 레
인lane 이 별도로 없는 종목에서는 앞선 주자의 바로 뒤에 바짝
붙어 바람의 저항을 줄이는 전략이 많이 사용된다. 최선두 주
자의 경우 모든 바람을 오롯이 받아 에너지 손실이 크기 때문
이다. 미국 콜로라도대학교 볼더캠퍼스 통합생리학과 우터 훅
카머Wouter Hoogkamer 교수의 연구 결과에 의하면 마라톤에서

앞 주자 바로 뒤에 바짝 붙어 달리면 공기 저항이 36% 줄어 신진대사 능력metabolic cost 이 2.7% 향상된다고 한다.[3]

현재 마라톤 세계 신기록 보유자인 케냐의 엘리우드 킵초게Eliud Kipchoge 선수는 땅에 뒤꿈치부터 디디며 달리는 기존 마라토너들과는 다른 주법을 사용한다. 킵초게는 앞꿈치를 먼저 딛는 주법forefoot 으로 2018년 베를린 마라톤에서 2시간 1분 39초라는 놀라운 기록을 달성했다. 이 기록에 훅카머의 연구 결과를 단순 적용하면 인류 역사상 최초의 sub-2(2시간 이내 완주) 기록 달성이 가능하다. 참고로 비공식 기록이기는 하지만 킵초게는 2019년 오스트리아의 빈 프라터 파크에서 개최된 'INEOS 1:59 챌린지'에서 7인 1조로 구성된 페이스 메이커들과 레이저로 속도 조절을 해준 차량의 도움으로 1시간 59분 40초의 기록을 달성했다.

이처럼 인간의 신체적 한계를 극복하기 위해 과학자들은 끊임없이 도전하고 있으며, 오늘날 스포츠 선수와 과학자는 한 팀을 이뤄 기록 단축과 경기력 향상에 힘을 모으고 있다. 이와 함께 최첨단 기술과 과학 지식을 각종 스포츠에 적용하는 스포츠과학은 향후 더욱 각광받을 것이다. 이제 스포츠에서 신체 능력만으로 대결하는 시대는 지났다.

속임수의 미학, 변화구

    수영이나 달리기처럼 속도를 경쟁하는 종목이 아닌, 공을 이용한 구기 종목 역시 공기 흐름의 영향을 많이 받는다. 공을 빠르게 던지거나 치고, 때로는 휘어지게 하는 종목 특성상 주변 공기 흐름과 밀접한 관련이 있기 때문이다. 이렇게 주변의 공기 흐름에 따라 달라지는 공의 다양한 움직임은 구기 종목의 매력이기도 하다. 결과를 예측할 수 없기 때문이다.

    먼저 야구를 살펴보자. 투수가 던지는 공은 기본적으로 속구fastball와 변화구breaking ball로 나뉜다. 흔히 직구라 불리는 속구는 실제로는 일직선으로 날아가지 않고 아래로 살짝 떨어진다. 이는 공기의 흐름과 상관없이 순수하게 중력에 의한 낙하다. 따라서 어느 누구도 이상적으로 곧은 공을 던질 수 없으므로 직구가 아닌 속구가 정확한 표현이다.

    메이저리그 명예의 전당에 오른 명투수 워렌 스판Warren

야구공을 잡는 그립에 따라 공의 회전 방향이 달라진다.

Spahn＊은 "타격은 타이밍이다. 투구는 그 타이밍을 뺏는 것이다"라는 명언을 남겼다. 타자는 투수가 던진 공의 궤적을 예상하면서 타격을 하기 때문에 투수는 그 예상에 벗어나는 공, 즉 타자를 속이는 '속임수 구종'이 필요하다. 그래서 필요한 것이 궤적의 변화가 큰 구종, 바로 변화구다.

가장 오래된 변화구인 커브볼은 1867년 메이저리그 투수 캔디 커밍스Candy Cummings가 바닷가에서 조개 껍데기를 던지다가 개발한 것으로 알려졌다. 공이 진행 방향의 앞쪽으로 회전하면 탑스핀topspin, 뒤쪽으로 회전하면 백스핀backspin이라 한다. 커브볼은 탑스핀이 걸려서 타자 앞까지 오면 폭포수처럼

＊ 워렌 스판(Warren Spahn, 1921~2003): 메이저리그 역대 좌완 최다승을 기록한 투수. 당대 야구 지능이 가장 뛰어나다고 평가 받았으며, 종잡을 수 없는 변화구와 타이밍을 뺏는 투구로 맹활약하였다. 1957년 사이 영 상을 수상하였으며, 1973년 MLB 명예의 전당에 헌액되었다. 그의 활약상을 기리기 위해 1999년부터 매년 최고의 좌완 투수에게 '워렌 스판 상'을 수여하고 있다.

아래로 뚝 떨어지는 반면 속구는 백스핀이 걸려서 아래로 덜 떨어진다.[4]

커브, 슬라이더, 포크볼, 싱커 등 공이 휘어지는 대부분의 변화구는 공의 회전과 관련 있다. 1852년 독일 물리학자 하인리히 마그누스Heinrich Magnus는 회전하면서 날아가는 포탄이나 총알이 휘는 원인을 공기의 압력 차이로 설명했는데, 이를 마그누스 효과Magnus effect라 한다.

공중을 날아가는 물체의 표면은 경계층boundary layer이라 부르는 얇은 공기층과 서로 영향을 주고받는다. 이때 공이 회전하면 경계층이 비대칭적으로 형성되면서 압력 차이가 발생해 공의 궤도에 직각 방향으로 마그누스 힘이 작용한다. 다시 말해 공이 날아가면서 회전하면 한쪽은 공기 속도에 회전 속도가 더해져 더욱 빨라지고 반대쪽은 방향이 서로 달라 속도가 느려진다. 이러한 속도 차이는 베르누이 정리Bernoulli's theorem에 의해 압력 차이를 발생시켜 속도가 빠른, 즉 압력이 낮은 방향으로 공을 휘게 만든다.

마그누스가 실험을 통해 발견한 이 효과를 이론적으로 정리한 사람은 독일의 수학자 마틴 쿠타Martin Kutta와 러시아의 물리학자 니콜라이 주코프스키Nikolai Joukowski다. 두 사람의 이름에서 유래한 쿠타-주코프스키의 정리Kutta-Joukowski's law는 야구공뿐만 아니라 우주항공공학과 선박공학의 근간이 되는 매우 중요한 이론이다.

독일의 공학자 안톤 플레트너Anton Flettner는 1924년 마그누스 효과를 활용한 풍통선^{rotor ship}을 개발하였다. 선박에 설치된 원통 기둥을 자체 전력으로 회전시킬 때 배의 이동 방향과 수직인 바람이 불면 마그누스 힘이 발생하고 이를 추진력의 일부로 사용하는 원리다. 따라서 배의 경로와 수직 방향의 바람이 불 때만 제한적으로 도움이 된다.

한편 타자가 볼 때 공이 위로 떠오른다고 느껴지는 라이징 패스트볼^{rising fastball}은 실제로 떠오르지 않는다. 이 구종은 포심^{four-seam} 패스트볼의 일종으로 강한 백스핀에 의해 회전력이 중력을 상당 부분 상쇄시켜 거의 가라앉지 않을 뿐이다. 공이 한 바퀴 돌 때 실밥 두 줄이 회전하는 투심^{two-seam}과 달리 포심은 네 줄이 회전하기 때문에 구속이 빠르고 상대적으로 낙폭이 작아 공이 마치 솟구치는 듯한 착시가 발생한다.

미국의 물리학자 피터 브랭카지오^{Peter Brancazio}에 의하면 이론적으로 시속 150km 이상의 빠른 공에 초당 60회 이상의 매우 강력한 백스핀을 걸면 공이 살짝 떠오를 수 있으나 실제로 그런 공을 던질 수 있는 투수는 지구상에 존재하지 않는다. 메이저리그 최정상급 투수가 던지는 포심 패스트볼의 회전수는 초당 40회를 조금 넘는 수준이다. 참고로 2017년 회전수 1위 투수인 칼 에드워즈 주니어^{Carl Edwards Jr.}의 회전수는 44.6회, 전체 투수의 평균은 37.6회다.[5] 한편 공에 회전을 잘 먹이기 위해 침을 발라 던지는 것을 스핏볼^{spitball}이라 하는데, 이는 야구 규칙에서 부정 투구로 간주된다.

슈팅 라이크 베컴

마그누스 효과는 축구에서도 찾아볼 수 있는데, 흔히 바나나킥이라 부르는 회전 킥spin kick이 그 예다. 영화 〈슈팅 라이크 베컴〉은 영국의 축구선수 데이비드 베컴David Beckham의 주특기로 널리 알려진 회전 킥이 얼마나 대단한지를 상징적으로 보여준다.

오른발의 엄지 발가락과 복사뼈 중간 부위로 공의 오른쪽 아래를 부드럽게 감아 차면 공이 회전하면서 왼쪽으로 휘어진다. 이때 공에 가장 강한 회전을 주는 지점을 스위트 스폿sweet spot이라 한다. 과학자들이 컴퓨터 시뮬레이션을 통해 찾은 스위트 스폿은 중심에서 80mm 떨어진 위치로 여기서 멀어질수록 공의 회전수는 급격히 감소한다.

1998년 물리학 월간지『피직스 월드』에는 브라질 축구 선수 호베르투 카를루스Roberto Carlos의 회전 킥을 분석한 연구 결과가 발표됐다. 이 논문에 따르면 카를루스의 강력한 회전 킥은 초기에는 엄청난 속도로 난류의 영역에 있지만 점차 속도가 느려지면서 층류의 영역에 들어오면 항력이 커진다. 이에 따라 속도가 점차 감소하면서 상대적으로 마그누스 효과가 커져 옆으로 많이 휘어진다.

이처럼 회전 킥에는 앞서 설명한 마그누스 힘이 작용하는데, 수식으로는 다음과 같이 표현된다.

$$F = \frac{1}{2}\rho\omega r V A l$$

(F는 마그누스 힘, ρ는 유체의 밀도, ω는 회전각속도, r은 공의 반지름,
V는 공의 속도, A는 공의 단면적, l는 상수)

따라서 공이 빠르게 회전할수록, 그리고 공의 속도가 빠를수록, 공의 크기가 클수록 마그누스 힘이 크게 작용한다. 세계 정상급 축구 선수가 찬 공은 시속 100km 이상으로 날아가며 초당 10회 이상을 회전한다. 이때 발생하는 마그누스 힘은 약 4N이며, 이를 바탕으로 공의 궤적을 계산하면 30m를 날아가는 동안 옆으로 4m 정도 휜다.

한편 포르투갈 축구 선수 크리스티아누 호날두 Cristiano Ronaldo 가 구사하는 무회전 킥 nonspin kick 의 원리는 회전 킥과는 반대다. 힘을 가하는 방향과 공의 진행 방향이 정확히 일치하면 공은 전혀 회전하지 않은 상태로 날아간다. 이때에는 회전 각속도가 0이기 때문에 마그누스 효과는 나타나지 않는다. 하지만 공 뒤쪽에 생기는 소용돌이에 의해 공이 불규칙적으로

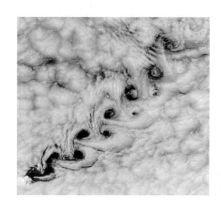

비행기가 지나간 하늘에는 구름으로 카르만 소용돌이가 그려진다.

심하게 흔들려 골키퍼가 궤적을 예상하기 어렵다.

이는 카르만 소용돌이Kármán voltex에 의한 효과로, 헝가리 유체역학자 테오도르 폰 카르만Theodore von Kármán이 원통형 물체가 공기 또는 물속에서 적당한 속도로 움직일 때 물체 뒤에서 연속적으로 발생하는 소용돌이를 발견한 것에서 유래한다. 소용돌이의 중심이 순간적으로 압력이 낮아지면서 높은 압력의 주변 공기가 소용돌이 안쪽으로 이동하게 되는데, 이와 같은 원리로 공이 흔들리게 되는 것이다. 참고로 야구에서 손가락을 구부린 채로 공을 쥐고 던지는, 날아오는 방향을 종잡을 수 없는 너클볼knuckle ball과 배구에서 손바닥 아랫 부분으로 찍듯이 공을 치는 플로터 서브floater serve도 호날두의 무회전 킥과 같은 원리다.[6]

'흙신' 나달의 전략

공의 회전이 중요한 작용을 하는 구기 종목이 하나 더 있다. 바로 테니스다. 테니스 코트는 크게 두 가지로 구분된다. 콘크리트와 고무 등을 이용해 만든 하드 코트hard court 와 점토로 된 클레이 코트clay court 다. 하드 코트는 비교적 관리가 쉽지만 바닥이 딱딱하여 공의 속도가 매우 빠르고 선수들의 부상 위험이 높다. 반면에 클레이 코트는 탄력성이 있어 공의 속도가 느려지지만 그로 인해 랠리rally 가 길어져 체력이 강한 선수에게 유리하다.

스페인 테니스 선수 라파엘 나달Rafael Nadal 은 클레이 코트에서 유독 강해 '흙신'이라 불린다. 2017년에는 세계에서 가장 권위 있는 클레이 코트 대회 프랑스 오픈French Open, Roland Garros 에서 10번째 우승을 의미하는 라데시마La Decima 를 기록했다. 또한 2017년에 이어 2018년, 2019년에도 우승하여 프랑스 오픈 결승 승률 100%(12전 전승), 프랑스 오픈 통산 승률

테니스 코트의 종류에 따라 경기 전략이 달라진다.

97.9%(93승 2패)라는 경이적인 기록을 달성했다.

나달의 가장 큰 강점 역시 강한 탑스핀을 이용한 공의 높은 회전수에 있다. 회전하는 공은 마찰력이 큰 클레이 코트에서 특히 더 강한 위력을 발휘한다. 바닥에 맞고 튕겨 오른 공은 두 배 정도 빠르게 회전하여 정확히 받아치기 매우 어렵다. 미국의 테니스 연구가 존 얀델John Yandell에 따르면 미국 테니스 선수 피트 샘프라스Pete Sampras와 안드레 애거시Andre Agassi 등 세계 정상급 선수가 치는 포핸드의 분당 회전수Revolution Per Minute, RPM는 1,800~1,900회, 스위스 테니스 선수 로저 페더러Roger Federer의 경우 2,700회인데, 나달은 약 3,200회다.[7]

2020년 1월 기준 나달의 통산 성적은 985승 200패, 승률은 83.1%로 세계 최정상급이다. 특히 클레이 코트에서 펼쳐진 프랑스 오픈에서는 무려 12번을 우승하여 압도적인 성적을 거뒀다. 나머지 메이저 대회인 호주 오픈 1회(승률 82.3%), 윔블던 2회(승률 81.5%), US 오픈 4회(승률 85.3%) 등 모두 합해 7차례 우승한 기록도 대단하지만 유독 프랑스 오픈에 강했던 이유는 바로 탑스핀 덕분이라 할 수 있다.

참고로 이 스핀 원리는 다른 구기 종목에도 동일하게 적용된다. 탁구의 드라이브^{drive}는 탑스핀을 이용한 기술로 공이 테이블에 부딪힌 후 더 빠르게 상대방에게 돌진하고, 흔히 커트라 불리는 푸쉬^{push}는 백스핀으로 인해 덜 나가는 경향이 있다. 그리고 당구에서 공 위쪽을 치는 오시^{おし, 밀어치기}는 탑스핀, 아래쪽을 치는 히끼^{ひき, 끌어치기}는 백스핀에 해당한다.

미식축구공과 자이로 효과

공의 모양 때문에 회전에 더욱 신경써야 하는 종목도 있다. 앞서 살펴본 대부분의 공은 구형이다. 반면 럭비공이나 미식축구공은 둥그렇지 않고 타원형에 가깝다. 1870년대까지 럭비공은 돼지의 방광으로 만들었고 지금까지도 그 모양을 유지하고 있다. 이 공들은 독특한 모양 때문에 요령이 없으면 원하는 위치로 정확히 던지기가 매우 어렵다.

미국 뉴욕대학교 탠던공과대학Tandon School of Engineering의 파스쿠알 스포르자Pasquale Sforza 교수에 따르면 미식축구공은 공기역학적으로 매우 불안정한 물체다. 반면 완벽한 구형을 갖추고 있는 야구공이나 축구공은 이에 비해 안정적인 편이다.

미식축구공은 구형의 공과 마찬가지로 양력과 중력이 주된 힘으로 작용하지만 모양이 길쭉하기 때문에 회전축과 비행 경로가 이루는 받음각angle of attack에 따라 궤적이 전혀 달라진다.[8] 따라서 다른 공 던지기와 비교하여 단순히 어깨만 강하면 되

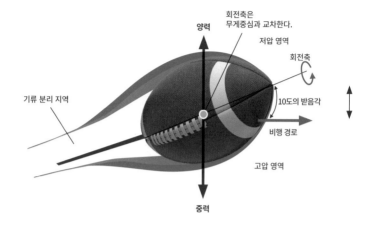

회전축은
무게중심과 교차한다.

양력

저압 영역

회전축

기류 분리 지역

10도의 받음각

비행 경로

고압 영역

중력

미식축구공에 작용하는 공기 역학 법칙

는 것이 아니라 던지는 데에 매우 정교한 기술이 필요하다.

미식축구 포지션 중 필드의 야전 사령관이라 불리는 쿼터백은 적재적소의 리시버들에게 정확한 패스를 해야 한다. 미국 미식축구 역사상 최고의 쿼터백으로 불리는 톰 브래디Tom Brady와 그의 라이벌 페이튼 매닝Peyton Williams Manning은 쿼터백이 갖추어야 할 시야나 전술 이해도 등에서도 뛰어난 선수들이지만, 제어하기 어려운 미식축구공을 정확히 던지기로도 유명하다. 두 사람은 뉴올리언스 세인츠의 드류 브리스Drew Brees에 이어 패스로 가장 먼 야드를 이동시킨 쿼터백이기도 하다.

이처럼 특정한 축이 있는 공을 안정적으로 던지기 위해서는 자이로 효과gyro effect를 이용해야 한다. 자이로는 라틴어로 회전을 의미하며, 빠르게 회전하는 물체가 회전축을 일정하게 유지하려는 성질을 자이로 효과라 한다.

이 효과는 팽이나 자전거에서도 찾아볼 수 있다. 빠른 속도로 회전하는 팽이는 꼿꼿하게 선 상태로 돌지만 속도가 느려지면 점점 눕다시피 돌다가 결국 쓰러진다. 마찬가지로 자전거를 느리게 타는 것보다 빠르게 타는 것이 균형을 잡기 쉽다. 다시 말해 빠르게 회전할수록 중심축을 더 안정적으로 유지할 수 있다. 따라서 공의 궤도가 회전축과 일치하지 않으면 공이 날아가면서 더욱 심하게 흔들린다.

골프공의 보조개, 딤플

골프에서 찾아볼 수 있는 유체역학적 원리는 앞의 구기 종목과는 조금 다르다. 선수가 어떻게 공을 던지느냐, 회전수가 얼마냐와 상관없이 골프공 그 자체가 유체역학적 원리를 담고 있다. 앞서 이야기한 수영복과 같이 표면을 이용하여 공기 저항을 줄이고자 한 형태이기 때문이다. 야구공 표면에 있는 108개의 솔기seam는 투수가 공을 빠르게 던질 수 있도록 도와주고 타구의 비거리를 증가시키는 역할을 한다. 이와 비슷하게 골프공을 살펴보면 보조개처럼 옴폭 들어간 홈이 있는데, 이를 딤플dimple이라 한다. 구기 종목에 사용되는 공은 대부분 표면이 매끄러운 반면 골프공에는 300~450개의 딤플이 있다.

처음부터 골프공에 딤플이 있었던 것은 아니다. 초기에는 동물의 가죽 안에 깃털을 채운 물렁물렁한 공을 사용하다가 1840년대에 구타페르카gutta-percha라는 고무 재질의 매끈한 공을 만들었다. 이때 새 공보다 오랫동안 사용하여 흠집이 많이

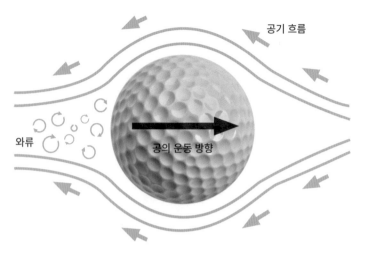

골프공의 딤플은 난류를 발생시켜 공기 저항을 줄이는 역할을 한다.

난 공이 더 멀리 날아간다는 사실을 경험적으로 알게 되었고 이를 계기로 일부러 표면에 흠집을 만들기 시작한 것이 딤플의 유래다.[9]

골프공의 딤플은 유체역학적으로 매우 중요한 의미를 갖는다. 매끈한 공이 빠른 속도로 날아가면 큰 와류vortex가 발생하고 공기 저항 역시 커진다. 물체 주변을 흐르는 공기는 표면에서의 속도가 0이다. 이때 압력이 커지면 공기는 표면에서 떨어져 나가는데, 이를 유동 박리flow separation라 한다. 공기역학에 커다란 업적을 남긴 독일 물리학자 루트비히 프란틀Ludwig Prandtl은 유동이 벽을 따라 흐르면서 압력이 역전되는 역압력 구배adverse pressure gradient가 나타나며 이로 인해 벽 근처에서 운동량 손실이 일어나 유동이 분리된다고 설명했다.

딤플은 유동 박리가 공의 뒤편에서 천천히 일어나도록 도와주어 표면 근처에서 작은 와류만 발생한다. 이로 인해 결국 공기 저항이 줄어들고 공의 비거리는 증가한다. 유체역학에서는 공기 저항의 크기에 비례하는 수치로 항력 계수^{drag coefficient}를 사용하는데, 딤플이 없는 매끈한 공의 항력 계수는 약 0.5이고, 딤플이 있는 골프공의 항력 계수는 0.25다. 이는 딤플로 인해 공기 저항이 절반으로 줄어들고 공이 더 멀리 날아감을 의미한다.

참고로 골프공의 경우 지름 4.3cm, 무게 46g의 작은 공 하나에 무려 1,500개 이상의 특허가 출원되어 있다. 특히 딤플의 모양과 크기, 개수는 골프공 제조 회사마다 다르며 각각 특허로 보호 받고 있다. 전 세계 골프 규칙을 정하는 미국골프협회에 따르면 딤플의 개수나 규격에 대해서는 제한이 없다. 하지만 균형을 위하여 딤플은 공의 중심으로부터 어느 방향으로든 대칭형으로 위치할 수밖에 없다.

또한 딤플의 개수가 많아지면 직경이 작아지고 반대로 딤플의 개수가 적으면 직경이 커질 수 있다. 따라서 골프공의 표면을 최대한 많이 둘러싸기 위해 그 개수와 직경을 적당히 조절해야 한다. 그리고 그에 따른 딤플의 최적 깊이를 정하는 것 역시 중요한 변수다. 한편 벌집의 구조에서 언급했듯이 원보다는 육각형의 공간 효율이 높아 육각 딤플에 대한 연구도 활발히 진행 중이다.

부메랑, 다시 돌아오다

공은 아니지만 부메랑 역시 유체역학적 원리를 활용한 도구다. 오늘날 주로 장난감으로 사용되는 부메랑은 원래 창이 발명되기 전까지 오스트레일리아 원주민들이 동물을 사냥할 때 썼던 무기다.

초기 부메랑은 사냥용이나 전투용이었기 때문에 던진 사람에게 다시 돌아오지 않고 목표물에 박혔다. 반면 던진 사람에게 되돌아오는 최근의 부메랑은 리터닝 부메랑returning boomerang으로 구분한다.

부메랑의 단면은 비행기 날개와 비슷하여 양력을 받아 오랜 비행이 가능하다. 또한 날개가 비대칭이기 때문에 회전하면서 다시 원래 자리로 돌아온다. 날개의 개수는 2개, 3개, 4개 등 다양한데, 날개가 많을수록 공기 저항이 커지고 이에 따라 비행 거리는 작아진다. 반면 그만큼 안정적으로 비행한다는 장점이 있다.

부메랑의 단면은 비행기의 날개 모양과 유사하며 좌우 대칭이 아니다.

기네스북에 따르면 부메랑을 가장 멀리 던진 기록은 2005년 호주 데이비드 슈미David Schummy가 기록한 427.2m다. 참고로 야구공 멀리 던지기 최고 기록은 1957년 캐나다 출신의 메이저리거 글렌 고보스Glen Gorbous가 세운 135.89m이고, 축구공 멀리 던지기 최고 기록은 2010년 영국 체육 교사 대니 브룩스Danny Brooks가 던진 49.78m다. 체조 선수 출신인 브룩스는 공을 잡은 상태에서 앞으로 한 바퀴 회전하며 그 반동을 이용하는데, 덕분에 멈춰서서 팔 힘으로만 던지는 것보다 더 멀리 던질 수 있었다. 실제로 그가 공을 던지는 모습을 촬영한 동영상은 유튜브에서 확인할 수 있다.[10]

공식적으로 기네스북에 오르지는 못했지만 부메랑을 가장 오랫동안 날린 기록은 무려 24시간 9초다. 영국 리즈대학교 물리학자 밥 리드Bob Reid는 남극에서 기상천외한 실험을 진행했다. 리드는 극점 근처에서 부메랑을 던져 극점을 한 바퀴 돌아오도록 했다. 실제 비행 시간은 9초였지만 지구를 한 바퀴 돈 셈이기 때문에 24시간을 더한 것이다.[11]

부메랑에 대한 이론적 연구는 꽤 오래전부터 이루어져 왔다. 네덜란드 부메랑 전문가 펠릭스 헤스Felix Hess는 1975년 박사 학위 논문으로 무려 555쪽에 달하는 「부메랑, 공기역학과 움직임Boomerangs, Aerodynamics and Motion」을 출판했다. 이 논문에서는 부메랑의 구조를 비롯한 물리적 특성, 공기역학적 이론과 실험의 연구 결과를 자세히 다루고 있다.[12]

또한 보잉사의 기술 고문인 존 배스버그John C. Vassberg는 2012년 미국 뉴올리언스에서 열린 제30회 공기역학학회에서 깃 요소 이론Blade Element Theory을 이용해 부메랑이 비행할 때 주변 공기 유동에 대해 분석한 결과를 발표했다. 이를 통해 부메랑 날개의 크기와 두께, 각도를 고려한 효과적인 설계가 가능해졌다.[13]

오늘날에는 부메랑 던지기가 놀이이자 일종의 스포츠로도 자리잡았다. 영국부메랑협회 홈페이지에서는 각종 부메랑의 비행 동영상과 기록을 찾아볼 수 있다.[14] 또한 국제부메랑협회가 주최하는 부메랑 월드컵은 2년에 한 번씩 열린다.[15]

다양한 크기와 모양을 가진 공, 그리고 공에 숨어 있는 유체역학적 원리로 인해 스포츠는 쉽게 예측할 수 없는 매력을 갖게 되었다. 그리고 인간의 신체 능력에는 한계가 있지만 제한이 없는 과학 기술의 발전은 앞으로도 스포츠를 더욱 흥미진진하게 만들 것으로 기대된다.

8장

전쟁 속 흐름

인류가 전쟁을 끝내지 않으면
전쟁이 인류를 끝낼 것이다.

John F. Kennedy

　슬픈 사실이지만 인류의 오랜 역사는 늘 전쟁과 함께 해왔다. 그리고 이 전쟁의 중심에는 항상 무기가 있었다. 본격적인 전쟁이 시작된 청동기 시대부터 세계 대전과 냉전, 그리고 지금도 일어나고 있는 크고 작은 전쟁까지, 전쟁에서 승리하기 위한 무기의 발명과 제작은 뛰어난 전략만큼이나 중요한 일이었다. 그리고 무기의 발명과 발전에는 단연 과학 기술의 역할이 지대했다. 전쟁이 힘과 힘의 대결이어서일까? 그중에서도 힘을 연구하는 물리학은 무기의 역사에 있어 끈으로 묶인 것처럼 불가분의 관계를 유지해왔다.

　특히 원거리 무기의 발전은 전쟁의 역사에서 커다란 역할을 했다. 칼과 창을 지니고 달려나가 서로의 힘을 겨루던 백병전hand-to-hand combat에서의 전략이나, 마차나 탱크 등 새로 개발된 신무기도 전쟁의 판도를 바꾸는 데 큰 역할을 했지만, 원거리 무기는 전쟁 그 자체의 개념을 바꾸어 버렸다. 투석기나 활, 총, 대포나 미사일 등 모든 원거리 무기는 목표물을 멀리서 포착하고 그 대상을 살상할 수 있는 능력을 지니고 있다. 자신의 위험은 최소화하면서 상대방의 피해는 키울 수 있는 것이다. 특히 하나의 탄두가 가진 살상력이 극에 달한 지금은 원거리 무기가 대규모 전쟁을 억제하는 역할까지도 하고 있다. 발사 버튼 하나에 수많은 목숨을 앗아갈 수 있기에, 이것이 모두로 하여금 오히려 전쟁을 두려워하게 만든 것이다.

원거리 무기에는 특히 물리학적 요소가 많이 등장한다. 예를 들어 고대의 투석기는 작용–반작용 법칙, 지렛대 원리 등 물리 법칙을 활용한 원시적인 형태의 무기로 포탄이 개발되기 전까지 널리 사용되었다. 또 수천 년 전 전쟁을 위해 발명되어 오늘날에는 스포츠 용품이 된 활과 화살은 탄성 에너지를 운동 에너지로 변환시키는 원리로 작동한다.

이후 금속 재료를 다루는 야금학metallurgy과 포탄의 운동을 연구하는 탄도학ballistics의 발전으로 화약과 대포가 만들어졌다. 이 무기들은 공격의 파괴력을 키우고 정확성을 높여 전쟁의 규모를 더욱 확대시켰다.[1] 돌부터 시작해 화살, 총알, 포탄, 미사일에 이르기까지 모든 원거리 무기는 날아가면서 궤도를 그리는데, 여기에도 물리학, 그중에서도 유체역학이 적용된다.

앵그리버드와 탄도학

스마트폰의 성장과 함께 선풍적인 인기를 끌며 세계적인 사랑을 받은 게임 앵그리버드 Angry Birds 는 고무총으로 새를 날려 돼지를 맞추는 게임이다. 익살스러운 캐릭터와 고무총이라는 특성 때문에 누구나 쉽게 접근할 수 있는 게임이지만 앵그리버드의 원리는 사실 포탄의 궤도를 계산하는 것과 크게 다르지 않다.

포탄의 궤도는 다른 말로 탄도라고 하는데, 포탄의 발사 각도와 초기 속도, 바람의 영향 등을 고려한 공기 저항 사이의 관계에 물리 법칙을 적용해 탄도를 계산한다. 전쟁에서 대포의 목표 위치를 설정하고 이를 정확히 맞추는 일은 가장 흔하면서도 중요한 임무이기 때문에, 이를 계산하는 탄도학은 오래전부터 매우 중요하게 다루어졌다.

무엇보다 대포는 매우 빠른 속도로 바람을 가르며 날아가기 때문에 공기 저항과 대포 주변의 공기 흐름을 분석하는 유

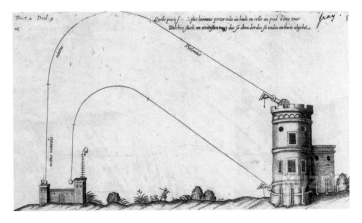

전쟁에서 대포를 주무기로 사용하던 시대에 탄도를 예상하여 그린 스케치

체역학이 막중한 역할을 한다. 이와 관련해 이탈리아의 천문
학자이자 수학자인 갈릴레오 갈릴레이 Galileo Galilei 는 포탄의 움
직임이 수평 방향의 등속 운동과 수직 방향의 낙하 운동으로
분해될 수 있음을 설명하고 포탄의 궤적이 포물선을 그린다는
사실을 발견했다. 그 결과 17세기에는 여러 권의 대포학 서적
이 출간되기도 했다.

　　이어 영국의 물리학자 아이작 뉴턴 Isaac Newton 은 탄도학 이
론을 더욱 정교하게 발전시켰다. 뉴턴은 포탄의 발사각과 초
기 속도를 알면 중력과 공기 저항 사이의 상관관계에 의해 궤
적이 결정된다는 것을 알았다. 여기서 중력은 물체의 질량과
중력 가속도의 곱이며, 공기 저항력 drag force 은 속도가 느릴 때
에는 속도에 비례하고 빠를 때는 속도의 제곱에 비례한다. 따

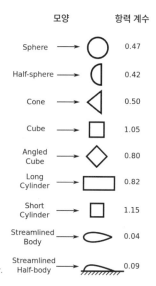

모양		항력 계수
Sphere	→ ○	0.47
Half-sphere	→ ◖	0.42
Cone	→ ◁	0.50
Cube	→ □	1.05
Angled Cube	→ ◇	0.80
Long Cylinder	→ ▭	0.82
Short Cylinder	→ □	1.15
Streamlined Body	→ ⬮	0.04
Streamlined Half-body	→ ⬭	0.09

물체의 모양에 따라 공기 저항의 크기는 제각각이다.

라서 자동차의 연료 소모는 속도에 비례하는 것이 아니라 빠를수록 기하급수적으로 급속히 증가한다.

또한 공기 저항력은 속도뿐만 아니라 여러 변수에 따라서도 달라진다. 우선 물체의 단면적이 넓을수록 공기 저항이 크고, 창처럼 뾰족하여 단면적이 좁으면 공기 저항 역시 작다. 그리고 단면적이 동일하더라도 모양에 따라 공기 저항에 차이가 있다. 자동차의 모양이 유선형 streamlined shape 인 이유도 공기 저항을 줄여 연료 소모를 최소화하기 위함이다.

유체역학자들은 물체의 형상에 따른 공기 저항력을 간단히 계산하기 위해 각종 모양에 따른 항력 계수 drag coefficient 를 실험을 통해 측정했다. 때문에 1920년대에 자동차가 발명된

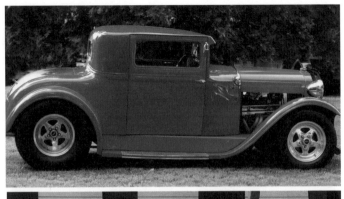

시대의 흐름에 따라 자동차 모양은 공기 저항을 줄이는 방향으로 계속 진화하였다.

이후 디자인은 항력 계수를 줄이는 방향으로 계속 진화했다. 바람을 받는 단면적이 작아지면서 항력 계수도 0.7에서 0.3으로 감소했는데, 이는 동일한 조건에서 연비가 대폭 상승했음을 의미한다.

한편 오랜 시간 전쟁의 주요 무기로 쓰였던 화살의 항력 계수는 매우 작다. 끝이 뾰족하며 가느다란 모양을 하고 있기 때문이다. 따라서 공기 저항을 거의 받지 않고 바람을 가르며 빠르게 날아간다. 이때 눈에 잘 보이지는 않지만 화살은 물고기가 헤엄치듯 좌우로 요동친다. 이를 궁사의 역설archer's paradox이라 하는데, 여기에는 복잡한 물리 법칙이 숨어 있다.

이상적으로 완벽한 평행과 대칭을 유지하며 활을 쏘는 것이 불가능하기 때문에 활을 쏠 때는 매우 작은 편향이라도 발생할 수밖에 없다. 화살 깃의 복원력은 이러한 불균형을 원상태로 회복시켜 주는 역할을 한다. 따라서 화살은 계속 흔들리지만 한 방향으로 쏠리지 않고 앞으로 나아간다. 화살이 짧고 속도가 느릴수록 심하게 흔들리는데 이는 자전거를 탈 때 속도가 느릴수록 균형을 잡기 어려운 점과 유사하다.[2]

물수제비를 이용한 도약 폭탄

유체역학적 원리 그 자체를 이용한 무기가 사용된 적도 있었다. 2차 세계 대전이 한창이던 1943년 3월 16일, 영국군은 전쟁 역사상 전례가 없었던 기발한 공격을 시도했다. 당시 독일군은 전투가 벌어진 독일 루르 지방의 뫼네 강에 수중 침투를 막기 위한 어뢰 방어망torpedo net을 설치한 상태였다. 따라서 잠수함이나 군함을 이용한 기존 방식으로는 수력 발전소를 파괴하기 어려운 상황이었다. 이에 영국 공군은 18m 상공의 전투기에서 길이 152cm, 너비 127cm, 무게 약 4톤의 도약 폭탄bouncing bomb을 낙하시켰다. 이 폭탄은 통통 튀며 400m를 이동했고 결국 방어망을 넘어 댐 벽을 무너뜨렸다.

도약 폭탄은 누구나 한두 번 해봤을 법한 물수제비 뜨기 stone skipping 원리를 이용한 무기다. 물수제비 뜨기는 호수나 강물에 납작한 돌을 비스듬히 던져 돌이 물위를 여러 번 튕기도록 하는 놀이다. 영국 공학자 반스 월리스Barnes Wallis가 설계

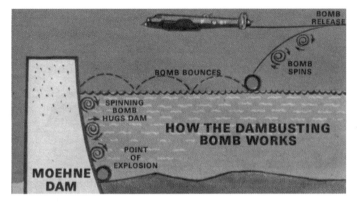

물수제비 뜨기 원리를 이용한 도약 폭탄의 개념도

한 이 폭탄은 빠른 속도와 강한 회전 덕분에 물속으로 가라앉지 않고 댐까지 도달할 수 있었다. 이후 같은 방식의 공격을 받은 다른 댐들도 연이어 무너져 내렸다.

물수제비 뜨기는 과학자들이 관심을 가지는 연구 주제이기도 하다. 일반적으로 물보다 비중이 큰 물체가 수면에 도달하면 중력에 의해 물속으로 가라앉지만 빠르게 회전하는 물체는 일종의 관성력인 회전력이 클수록 그리고 수평 방향의 속도가 빠를수록 가라앉는 힘이 상대적으로 작아 수면에서 튀어 오른다.

프랑스 물리학자 리드릭 보케Lydéric Bocquet는 실험을 통해 돌이 수면과 이루는 입사각은 속도나 회전수와 상관없이 20°가 이상적이라는 것을 밝혔다. 만약 입사각이 45° 이상이면 중력이 수면의 저항력보다 커서 한 번도 튕기지 못한 채 물속으로 가라앉는다.[3]

참고로 1989년 미국 텍사스 주에서는 북미물수제비협회가 설립되었으며 해마다 전 세계 각지에서 대회가 개최된다. 기네스북에 의하면 세계 신기록은 1992년 콜맨 맥기^{Coleman McGhee}의 38번, 2002년 쿠르트 스타이너^{Kurt Steiner}의 40번, 2007년 러셀 바이어스^{Russell Byars}의 51번, 그리고 2013년 앞선 스타이너의 88번으로 계속해서 경신되고 있다.

물은 쇠보다 강하다

영국군의 도약 폭탄이 물을 직접 이용하지 않고 매개체로 활용했다면, 물 자체를 무기로 공격하는 수공水攻을 이용한 전쟁도 있었다. 액체인 물은 대포 같은 고체 무기에 비해 약해 보이지만, 강한 압력을 가할 경우 그 어떤 재료보다도 무시무시한 힘을 자랑한다. 압력 4,000bar의 물줄기인 워터 제트waterjet는 사과는 물론 골프공, 볼링공 심지어 지구상에서 가장 단단한 물질인 공업용 다이아몬드도 자를 수 있다. 참고로 소방 호스에서 나오는 물줄기의 압력은 10bar 수준이다.

1973년 10월 이집트군은 중동전에서 바레브 선Bar Lev Line이라 불리는 이스라엘의 거대한 모래 방벽을 무너뜨리기 위해 물을 이용했다. 폭탄으로도 부수기 어렵고, 돌파에 최소 이틀은 걸릴 것이라 예측되었던 방벽은 독일에서 수입한 워터 제트 펌프의 강력한 물줄기에 의해 단 9시간 만에 힘없이 무너져 내렸다. 이 창의적인 전술로 인해 이스라엘은 믿었던 바레브 선의 붕괴를 허탈하게 바라볼 수밖에 없었고 결국 이집트에게 참패를 당했다.

반대로 물을 이용해 모래를 단단하게 만들 수도 있다. 모래성이 대표적인 예다. 알갱이 역학granular dynamics에서는 매우 건조하여 마치 물처럼 흐르는 모래를 유사quicksand라 한다. 이때 산산이 부서지는 건조한 모래는 적당량의 물과 만나면 무척 견고해진다. 마른 모래알은 마찰력이 작아 잘 미끄러지지만 젖은 모래알은 얇은 수막의 표면장력으로 인해 주변의 모래알과 단단히 뭉치기 때문이다.

물과 모래의 결합 밀도에 따라 가장 느슨한 상태를 왔다 갔다 움직인다는 의미에서 '진자상태pendular state'라 한다. 이 상태에서 물을 점차 추가하면 결합 밀도가 높아져 좀 더 단단한 '연력상태funicular state'를 거쳐 모세관 효과가 극대화된 '모세관상태capillary state'에 이른다. 이때 결합 밀도가 가장 높다.

그런데 여기서 물을 더 부으면 모세관 현상이 사라지며 물이 넘쳐 모래가 물방울처럼 뚝뚝 떨어지는 '액적상태droplet state'로 바뀌는데, 이 경우 모래알들이 무너져 내린다. 모래와 물 사이의 이러한 관계를 적절히 이용하면 정교하면서도 튼튼한 모래성을 만들 수 있다.[4]

나라의 역사 자체가 곧 간척의 역사인 네덜란드에는 연구를 통해 이를 입증한 학자가 있다. 바로 암스테르담대학교 반데르 발스-지만 연구소Van der Waals-Zeeman Institute의 다니엘 본Daniel Bonn 교수다. 그는 튼튼한 모래성을 쌓기 위한 최적의 조

단단하고 정교한 모래성을 쌓기 위해서는
적당량의 물이 필수다.

건을 찾는 연구를 수행하여 2012년 「완벽한 모래성을 쌓는 법
How to Construct the Perfect Sandcastle 」이라는 흥미로운 제목의 논문
을 발표하였다. 이 논문에서 그는 소량의 물이 마른 모래 더미
를 멋진 모래성으로 만들어 줄 수 있음을 시사하였다. 구체적
으로는 99%의 모래에 1%의 물만 추가되어도 단단한 모래성
을 만들 수 있으며 물이 지나치게 많아질 경우 모래성이 무너
질 수 있다고'주장했다.[5]

또 본 교수는 이집트 피라미드 건설에 숨어 있는 비밀을
밝히기 위해 모래를 이용한 가상 실험을 진행했다. 건조한 모
래와 물을 적신 모래 위에서 본 교수는 각각 동일한 무게의
금속 조각을 끌 때 필요한 힘과 운반 속도의 차이를 측정했
다. 그 결과 모래에 물을 부으면 운반에 필요한 힘이 적게 들
고 이동이 훨씬 수월했다. 수분이 모래에 스며들면서 입자들

사이의 간격을 메워 주기 때문이다. 연구진의 설명에 따르면 물이 너무 많이 들어가도 이동에 제약이 생긴다. 모래 부피의 2~5% 정도의 수분 함량이 가장 적합하며, 이때 물이 지표면의 마찰력을 줄여 운송을 쉽게 할 수 있었을 것이라 추정했다.[6]

무기의 원리, 일상에 들어오다

　오늘날 터키의 카파도키아 등 아름다운 풍경을 가진 관광지에서 관광 상품으로 애용되고 있는 열기구는 1860년대 벌어진 미국 남북전쟁에서 정찰을 위해 이용되기도 했다. 1903년 라이트 형제에 의해 동력 비행기가 개발되기 전까지 열기구는 하늘이라는 공간을 활용한 최선의 전술이었기 때문이다.

　1782년 프랑스 조셉 몽골피에 Joseph Montgolfier 와 자크 몽골피에 Jacques Montgolfier 형제가 발명한 열기구는 구피 envelope 라 부르는 커다란 주머니에 뜨거운 공기를 채워 부력으로 상승한다. 기체의 온도가 상승할수록 분자가 활발히 움직이고 결국 밀도가 낮아지는데, 이로 인해 열기구가 뜨게 되는 것이다. 부피가 2,800m³인 구피를 기준으로 내부 공기 온도가 100°C가 되면 약 700kg, 120°C가 되면 약 870kg을 들어올려 성인 12명이 탑승할 수 있다. 또한 연말연시에 소원을 담아 하늘로 날리는 풍등 sky lantern 역시 열기구와 동일한 원리로, 임진왜란 당

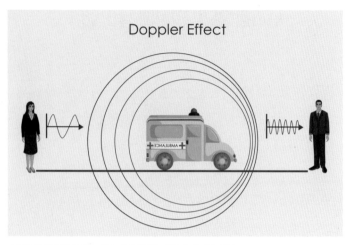

Doppler Effect

소방차의 사이렌 소리는 가장 쉽게 접하는 도플러 효과의 예다.

시 봉화와 함께 통신 수단으로 사용되기도 했다.

한편 오스트리아 물리학자 요한 크리스티안 도플러^{Johann} Christian Doppler가 발견한 도플러 효과^{Doppler effect}라는 것이 있다. 예를 들어 응급차가 경적을 울리며 우리에게 다가올 때는 음파가 먼저 도착한 후 응급차가 따라오기 때문에 파장이 점점 짧아지고, 반대로 우리를 지나쳐 멀어지면 파장은 점점 길어진다. 따라서 우리는 눈을 감고 경적만 듣고도 응급차가 다가오는지 혹은 멀어지는지를 알 수 있는데, 이것이 도플러 효과가 나타난 사례다.

이 원리는 음파뿐만 아니라 모든 파동에 적용되기 때문에, 다양한 분야에 응용된다. 군사용 레이더의 핵심 원리 역시 도

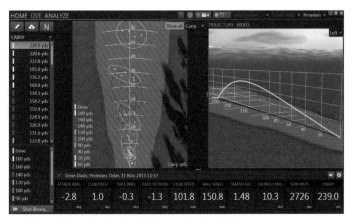

트랙맨은 레이더 기술을 이용하여 미사일이 아닌 공을 추적한다.

플러 효과를 활용한 것으로, 영국에서 개발되어 미국에서 실용화가 이루어졌다. 특히 2차 세계 대전에서 음속보다 빠르게 비행하는 전투기들이 군사용 레이더를 이용해 목표물을 정확히 폭격하며 핵심적인 역할을 했다.

미사일을 추적하는 레이더 기술을 기반으로 한 덴마크 회사 트랙맨TrackMan은 이 원리를 이용해 골프와 야구 경기에서 날아가는 공을 분석하는 시스템을 개발했다.[7] 앞서 이야기한 도플러 효과를 이용하면 공의 분당 회전수, 수직 및 수평 변화량, 타자의 타구 속도와 발사 각도를 정확히 측정할 수 있다. 이제 더이상 '총알 같은 타구', '공 끝이 묵직하다' 등의 애매한 표현을 쓰지 않고, 수치화된 27가지의 세부 정보로 공의 움직임을 설명할 수 있게 되었다. 스크린 골프에서 공의 초기 속도와 각도를 바탕으로 궤적을 계산하여 화면에 표시하는 것도 동일한 원리다.

이처럼 한때 전쟁을 위해 개발되었던 군사 기술이 골프장과 야구장 안으로도 들어와 공의 움직임을 추적할 수 있게 되었고, 다행히도 전쟁과 무관하게 우리의 삶을 풍성하게 채워주고 있다.

세상에서 가장 슬픈 프로젝트

　1942년 높은 산과 깊은 골짜기로 둘러싸인 미국 뉴멕시코 주 로스앨러모스에 세계적으로 명성이 높은 과학자들이 모여 들었다. 닐스 보어 Niels Bohr, 엔리코 페르미 Enrico Fermi, 리처드 파인만 Richard Feynman, 유진 위그너 Eugene Wigner, 존 폰 노인만 John von Neumann 등 오늘날 물리학, 화학 교과서에 등장하는 당대 최고의 천재 과학자들이 모여 비밀리에 일명 맨해튼 프로젝트 Manhattan Project를 수행한 것이다. 이들 중 무려 21명이 이미 노벨상을 수상했거나 후에 노벨상을 수상할 정도로 전무후무한 특별 집단이었다. 이 집단에서만큼은 노벨상 수상이 큰 자랑거리가 아니었지만 특이하게도 이들을 이끌었던 수장 로버트 오펜하이머 Robert Oppenheimer는 그 '흔한' 노벨상을 받지 못했다.[8]

　이 어마어마한 프로젝트의 결과물은 인류 역사상 최악의 발명품으로 기록된 원자 폭탄이다. 1945년 8월 6일, 일본 히로시마에 투하된 길이 3m, 무게 4톤의 리틀보이 Little Boy는 도시

죽음의 버섯 구름, 원자 폭탄

전역을 순식간에 잿더미로 만들었다. 그리고 3일 후 나가사키에는 팻맨Fat Man이 떨어져 수십만 명의 사상자가 발생하였다. 내로라하는 석학들을 진두지휘했음에도 불구하고 오펜하이머가 끝내 노벨상을 받지 못한 이유는 수많은 민간인을 학살한 무기가 노벨상 정신에 어긋나기 때문이라는 의견도 있다.

이처럼 말도 많고 탈도 많은 원자 폭탄의 폭발 사진만 보고 그 파괴력을 거의 정확히 계산한 물리학자가 있다. 물리학 중에서도 특히 유체역학에 큰 업적을 남긴 영국의 제프리 테일러Geoffrey Ingram Taylor는 폭발로 인한 충격파가 구형으로 확산됨을 가정하고 불덩이의 지름R과 방출 에너지E, 공기 밀도ρ, 시간t과의 상관관계식을 구했다.[9]

$$R = C(t^2E/\rho)^{1/5}$$

제프리 테일러는 충격파 수식을 이용하여 원자 폭탄의 파괴력을 계산했다.

또한 테일러는 유체역학 외에도 물리학, 수학, 고체역학, 파동론 등 다방면에 무수한 업적을 남겼는데, 그가 이름을 남긴 용어와 이론은 다음과 같다.

- Taylor's dislocation
- Taylor cone
- Taylor scraping flow
- Taylor dispersion
- Taylor number
- Taylor-Couette flow
- Taylor-Goldstein equation
- Rayleigh-Taylor instability
- Taylor-Proudman theorem

- Taylor-Green vortex

- Taylor microscale

- Taylor column

- Taylor-Caulfield instability

- Taylor-Culick flow

- Taylor-Dean flow

- Taylor's decaying vortices

- Taylor-Melcher leaky dielectric model

미사일에서의 로켓공학, 잠수함에서의 조선해양공학, 원자 폭탄에서의 물리학, 암호 해독에서의 컴퓨터공학 등 공교롭게도 현대 과학은 2차 세계 대전 전후로 급격하게 발전했다. 과학 기술은 양날의 검과 같아서 전쟁을 위해 개발되기도 했지만 인류 문명의 발달에 커다란 공을 세우기도 하였다. 앞으로도 현대 과학은 전쟁의 용병이라는 오명을 벗기 위해 건설적인 방향으로 활용되어야 할 것이다.

9장

요리 속 흐름

새로운 요리의 발견은 새로운 별의 발견보다
인간을 더 행복하게 만든다.

Jean Anthelme Brillat-Savarin

　몇 해 전부터 TV나 유튜브 등을 켰다 하면 끊임없이 나오는 이른바 '먹방'은 전 국민을 미식가로 변화시키고 있다. 여기에는 프랑스의 타이어 회사 미슐랭에서 매년 발행하는 미쉐린 가이드^{Michelin Guide}가 2016년부터 서울 편을 발간하기 시작한 것이 한몫하였다. 맛있는 음식에 대한 국민들의 관심은 요리에 대한 관심으로도 이어져 이제는 '쿡방' 역시 많은 인기를 끌고 있다.

　이렇게 어느덧 우리의 일상 속으로 들어온 요리는 식재료를 손질하여 굽고, 찌고, 끓이는 일련의 과정이다. 동시에 물질이 변성되는 화학 반응의 과정이기도 하다. 조리 과정에서 대부분 열을 가하는 경우가 많은데, 이때 열이 흐르는 방식에 따라 다양한 조리 기법이 만들어진다.

　이처럼 열을 필요로 하는 요리의 시작은 부싯돌을 이용해 불을 피울 수 있게 되었던 구석기 시대부터 시작되었다. 부엌은 인류 최초의 과학 실험실이었던 셈이다. 이와 함께 지난 수천 년간 조리 도구 역시 끊임없이 발전해 왔다. 그리고 조리

100년 전 타이어 회사에서
제작하기 시작한 미쉐린 가이드는
전 세계 미식가들의 지침서가 되었다.

도구의 발전에는 역시 과학 기술이 항상 함께 했다.

예를 들어 전자레인지는 마이크로파로 물 분자를 진동시키고, 오븐은 대류로 열을 순환시킨다. 반면에 가스불이나 연탄불은 직접 열이 전달되는 전도를, 숯불은 원적외선의 복사열을 이용한다. 조리 도구와 조리법 각각의 특성은 결국 '열의 전달'의 차이에서 나오는 것이다.

열의 이동은 대부분 유체의 흐름을 동반한다. 대표적인 예가 온풍기와 보일러로, 온풍기는 바람을 통해 열을 전달하며, 보일러는 뜨거운 물을 순환시킴으로써 바닥을 데운다. 이러한 이유로 기계공학과에서 필수로 배우는 4대 역학 중 서로 밀접한 관련이 있는 열역학과 유체역학을 묶어 흔히 열유체 thermofluid 분야라 부른다.

요리에서의 열 전달 역시 대부분 물 또는 공기의 흐름과 함께 한다. 찜은 뜨거운 공기가 위로 상승하며, 끓임은 뜨거운 물이 순환하며 음식에 열을 가한다. 따라서 열을 효과적으로 전달하기 위해서는 유체의 흐름을 파악하고 분석하는 것이 중요하다.

때문에 과거에는 요리가 요리사만의 전유물이었다면, 최근에는 요리사들이 물리학자 및 화학자들과 협업하여 과학적 조리 기법에 대한 다양한 연구를 진행하고 있다. 일례로 미국 하버드대학교에서는 '과학과 요리 Science & Cooking' 과목이 개설되었는데 유명 셰프들과 과학자들이 요리라는 화학 반응의 원리와 그 반응이 음식의 맛과 질감에 어떤 영향을 미치는지를 이야기하는 강의다.[1]

요리사나 과학자만큼은 아니더라도, 요리에 깃들어 있는 유체의 흐름에 대해 이해한다면 우리의 식탁에도 맛있는 변화가 있지 않을까? 우리의 식생활, 그리고 흔히 사용하는 조리 기법을 중심으로 그 속에 숨어 있는 유체역학적 원리들에 대해 알아보자.

참치 해동의 과학

먼저 음식을 조리하기 이전에 이루어지는 과정부터 살펴보자. 바로 재료의 보관이다. 식품의 장기 보관은 인류의 오랜 고민이었다. 다른 말로 표현하면 식품의 부패를 막기 위한 미생물 번식과의 싸움이기도 하다. 미생물은 따뜻한 온도와 물을 좋아하기 때문에 이들의 번식을 억제하기 위해서는 그 조건을 제거해야 한다. 그래서 냉장고가 탄생하기 전까지 인류는 대부분의 식품을 염장salting 하거나 건조drying 하는 방법을 사용했는데, 이를 통해 식품의 수분을 없앰으로써 식품이 썩지 않도록 했다.

아직도 염장과 건조가 쓰이지만, 냉장고가 발명된 이후로 근래 가장 널리 쓰이는 보관 방식은 냉동법이다. 미생물은 0℃ 이하에서 번식이 억제되기 때문에 냉동 상태의 경우 식품의 장기 보관이 가능하다. 특히 최근에는 초저온 냉동, 급속 냉동으로 식품을 더욱 신선하게 유지할 수 있게 되었다. 또 바다에

주로 냉동 상태로 유통되는 참치는 해동 기술에 따라 맛에 큰 차이가 난다.

서 생선과 해산물을 잡자마자 배에서 바로 얼리는 선동船凍은 육지까지 가져와서 얼리는 육동陸凍에 비해 가치를 더 인정받는다. 지중해와 남태평양에서 잡히는 고가의 식재료인 참치가 주로 이 선동을 이용한다. 참고로 식품을 건조시켜 냉동하는 저온 동결 건조freeze-drying의 보관 기간은 최대 2년으로 굉장히 길다.

이렇게 식품의 저장에 냉동법이 이용되면서, 언 재료를 녹이는 해동 역시 조리의 중요한 과정이 되었다. '어떻게 녹이느냐'가 맛을 좌우하는 요인이 되기도 하기 때문이다.

앞서 이야기한 참치를 예로 들어보자. 엄격히 관리된 상태로 얼린 참치는 해동하는 방식과 실력에 따라 맛의 차이가 천

차만별이다. 급속 냉동한 참치를 전문가가 제대로 해동할 경우 생물 참치의 맛과 식감을 거의 비슷하게 구현할 수 있다. 참치 해동법에는 상온에 그대로 두는 자연 해동법, 적당한 농도의 소금물에 담가 두는 염수 해동법, 흐르는 물에 녹이는 유수 해동법 등이 있다.[2]

자연 해동법은 비용이 들지 않지만 시간이 오래 걸린다는 단점이 있다. 반면에 가장 널리 사용되는 염수 해동법은 참치 양에 따라 물의 염도와 온도를 정확히 맞추어야 한다는 까다로움이 있지만 삼투 osmosis 효과로 피를 뺄 수 있다는 장점도 있다. 삼투는 농도가 낮은 곳에서 높은 곳으로 투과성 막을 통해 물이 이동하는 현상으로 참치의 핏물이 농도가 높은 소금물로 빠져 나온다.

이 두 방법은 주변 환경이 공기와 소금물이라는 점만 다를 뿐 넓은 의미에서는 물체의 냉각 속도가 물체와 주변부의 온도 차이에 비례한다는 뉴턴의 냉각 법칙 Newton's law of cooling 으로 설명이 가능하다.

$$dT/dt = k(T-T_a)$$

이 법칙은 법의학에서 사체의 현재 온도로부터 사망 시간을 추정하는 데 이용되기도 한다. 사체가 외부 온도의 영향을 거의 받지 않는다면 사망 후 8시간까지는 1시간에 평균 1.8℃씩 체온이 내려간다. 다만 주변 온도가 일정하지 않을뿐더러

입고 있던 옷의 두께, 사체의 체형 등을 고려해야 하기 때문에 정확한 추정은 쉽지 않다.[3]

마지막으로 빠른 시간 내에 해동이 가능한 유수 해동법은 흐르는 물을 통해 참치를 녹이는 방법으로 유체역학적 원리를 바탕으로 한다. 흐르는 물은 참치에 열을 공급하고 반대로 참치의 냉은 가져간다. 정지된 물에서는 전도에 의해 열이 천천히 전달되지만, 흐르는 물은 대류에 의해 열이 빠르게 전달된다. 이때 전달되는 열량은 아래의 식과 같이 표면적과 온도 차이에 비례하고 흐르는 물이 빠를수록 대류 열전달 계수^{h,} convective heat transfer coefficient 역시 커진다.

$$Q = h \cdot A \cdot \Delta T$$

따라서 적정 시간을 제대로 못 맞출 경우 참치의 온도가 높아져 재료의 손실이 생긴다.

이 같은 대류의 원리는 상온의 맥주를 짧은 시간에 차갑게 만드는 데에도 활용될 수 있다. 맥주를 냉동실에 넣더라도 차가운 공기의 전도만으로는 차가워지는 데 오랜 시간이 걸린다. 반면 찬물에 적신 신문지나 수건을 두른 후 선풍기를 틀면 대류의 열전달 계수가 커지고, 적신 물이 기체로 변하면서 외부로부터 흡수된 기화열에 의해 금방 차가워진다.

굽기의 기술

본격적인 조리 과정에 숨어 있는 유체역학적 원리에는 어떤 것들이 있을까? 최근 취미로 요리하는 사람이 늘어나면서 가정에서 직접 스테이크를 굽거나 바비큐를 하는 경우가 흔해졌다. 이처럼 고기를 구울 때 가장 흔히 사용되는 조리 과정인 '굽기'에 숨어 있는 유체역학에 대해 알아보자.

스테이크는 어떤 조리 기구를 사용해 굽느냐, 한마디로 열의 흐름이 어떠한가에 따라서도 맛이 조금씩 달라진다. 팬프라이pan-fry 방식은 열이 직접 전달되는 전도를 이용하기 때문에 겉면을 바삭하게crispy 익힐 수 있는 반면 숯불 구이의 경우 열의 복사를 이용한다. 숯불은 가스불에 비해 약 4배의 적외선을 만들어 내는데, 이 원적외선far infrared ray으로 육류의 내부까지 고루 익힐 수 있다는 장점이 있다.

한편 오븐은 뜨거운 열기가 순환하는 원리인 대류 현상을 이용한다. 이를 먼저 체득했던 기원전 3000년경의 이집트인

고기의 겉면을 태우듯이 익히는 것은 육즙을 가두기 위해서가 아니라 갈변 물질을 만들기 위해서다.

들은 빵을 맛있게 굽기 위해 최초의 밀폐형 오븐을 발명한 것으로 추정된다. 이후 오븐은 전기식, 가스식, 복합식 등 다양한 형태로 발전했는데 대류 현상은 복사 현상에 비해 에너지 측면에서도 효율적이어서 식당과 가정에서 모두 주로 오븐을 많이 사용한다.

다 구운 스테이크는 바로 먹지 않고, 굽는 동안 특정 부위로 몰린 육즙이 원래 자리로 찾아가도록 기다리는 레스팅 resting 과정을 거친다. 레스팅은 보통 5~7분, 길게는 10분 정도 하는데, 이 시간 동안 육즙은 다공성 porous 조직 사이를 모세관 현상에 의해 이동한다. 스펀지처럼 작은 구멍이 송송 나 있는 물질은 액체를 서서히 흡수하는데, 이는 커피에 비스킷의 가장자리만 담가도 얼마 지나지 않아 전체가 젖게 되는 원리와 동일하다.

요리의 또 다른 열쇠, 압력

앞서 이야기한 해동과 굽기 과정의 핵심은 열을 가하거나 뺏으며 온도를 제어한다는 것이다. 그리고 이 온도는 압력과 떼려야 뗄 수 없는 밀접한 관련이 있다. 밀폐된 공간의 내부 온도를 올리면 공기 분자의 움직임이 활발해져 결국 압력이 증가한다. 프랑스 화학자 루이 조제프 게이 뤼삭Louis Joseph Gay-Lussac은 이처럼 '압력이 온도에 비례한다'는 게이 뤼삭의 법칙 Gay-Lussac's law을 발표했다.

대기압에서 물은 100℃가 되면 끓지만 기압이 낮은 산꼭대기에서는 그보다 낮은 온도에서 물이 끓기 시작한다. 산에서 밥을 지으면 설익는 이유도 그 때문이다. 그렇다면 고산의 정상에서 물의 끓는점은 몇 ℃일까? 지상에서 5,500m 상승할 때마다 기압은 절반으로 낮아진다. 이를 바탕으로 압력 변화에 따른 끓는점을 계산하면 해발 고도가 2,774m인 백두산 정상에서는 약 90℃일 때, 8,848m인 에베레스트 정상에서는 약

저온에서 천천히 익히는 수비드 기법을 이용하면 식재료의 중심부까지 고루 익힐 수 있다.

70℃일 때 물이 끓기 시작한다.

반대로 높은 압력에서는 끓는점도 상승하는데, 이 원리를 이용한 조리 도구가 바로 압력 밥솥이다. 압력 밥솥 안의 압력은 약 2기압으로 이때 끓는점은 120℃까지 올라가고 수증기의 밀도 역시 높아져 빠른 시간 안에 밥을 지을 수 있다.

팝콘과 뻥튀기도 매우 높은 압력과 관련 있는 식품이다. 옥수수에 열을 가하면 알갱이 내부의 수분과 유분은 뜨거운 증기로 변한다. 이 증기는 단단한 껍데기 안에 갇혀 있다가 압력이 계속 증가하여 약 9기압에 도달하면 터지면서 순식간에 굳는다.

반면 압력을 낮추어 조리를 하는 방식도 있다. 최근 유행하는 수비드sous vide 기법은 식재료를 진공 포장한 후 저온에서 천천히 익히는 조리법이다. 프랑스어로 sous는 아래, 그리고 vide는 진공을 뜻한다. 진공 포장한 식재료를 55~60℃의 온도에서 천천히 익히면 겉은 과하게 익지 않으면서도 내부를 완전히 익힐 수 있어 부드러운 식감으로 조리된다.[4]

이 밖에도 압력은 김장을 담그는 데도 이용된다. 배추를 소금에 절이면 삼투압osmotic pressure에 의해 배추의 수분이 밖으로 빠져 나와 부피가 줄어들고 식감도 물러진다.

네덜란드 화학자 야코부스 반트 호프Jacobus Henricus van't Hoff가 1887년 발표한 반트 호프의 법칙van't Hoff's law에 의하면 묽은 용액의 삼투압π은 용매나 용질의 종류에 관계없이 용액의 몰농도M와 절대 온도T에 비례한다. 여기서 R은 기체 상수로 0.082atm · L/mol · K다.

$$\pi = M \bullet R \bullet T$$

이처럼 요리에서 압력의 중요성을 발견한 과학자들은 음식을 실험실로 가지고 오기도 했다. 프랑스 에콜 폴리테크니크 기계공학과 에마누엘 비로Emmanuel Virot 박사는 실험을 통해 팝콘이 터지는 임계 온도critical temperature가 170~180℃임을 밝혔다. 이와 함께 팝콘이 터질 때 이것이 '다리leg'를 이용해 튀어 오르며 통계적으로 약 490° 회전한다는 사실도 확인했다.[5]

또한 미국 쿠츠타운대학교 물리학과 폴 퀸Paul V. Quinn 박사

는 팝콘을 만드는 과정을 열역학적 팽창thermodynamic expansion
의 관점에서 분석하기도 했다. 그 결과 주변의 압력을 낮추면
팝콘의 평균 크기가 커진다는 흥미로운 사실을 제시했다. 팝
콘은 그저 단순한 간식이 아니라 정교한 압력 제어의 결과물
이었던 것이다.[6]

소롱포의 비밀

압력을 이용해 만들 수 있는 또 다른 요리로는 찜이 있다. 중국의 찜 요리로 유명한 소롱포는 작은 대나무 찜통인 소롱小籠에 찌는 만두로 매우 얇은 만두피와 그 안에 담겨 있는 육즙이 별미다. 그런데 액체 상태의 육즙을 어떻게 만두 안에 넣을 수 있는 것일까? 바로 만두를 빚을 때 육즙을 젤라틴으로 굳혀 만두소의 일부로 넣고, 이것이 찌는 과정에서 열을 받으면 다시 액체 상태가 되는 원리를 통해서다. 고체 상태의 육즙이 열을 통해 액체로 변화한 것이다.

화학에서 말하는 졸sol과 겔gel 상태는 각각 액체와 고체인데, 소롱포 육즙의 경우처럼 온도의 변화나, 산acid 또는 염분에 의해 졸은 겔로 변한다. 액체 상태의 음식을 굳혀 고체로 만든 편육, 묵, 두부, 테린terrine 등도 같은 예다. 이러한 현상은 겔 상태에 열을 다시 가하면 졸 상태로 변하는 가역 반응reversible reaction과 변하지 않는 비가역 반응irreversible reaction으로 나뉘기

중국 만두 소롱포는 온도에 따라 상태가 변하는 젤라틴의 특성을 활용한 요리다.

도 한다. 이처럼 유체의 변형과 흐름에 관해 연구하는 학문을 '유변학rheology'이라 하는데, 1920년대 초 미국 라파예트대학교 유진 빙햄Eugene Bingham 교수가 명명했다.

이와 같은 유변학적 특성을 가지고 있는 또 다른 주방 재료가 있다. 바로 감자 전분 등의 녹말류인데, 이를 물에 풀면 액체처럼 흐물거리지만 힘을 주면 순식간에 고체처럼 변한다. 이 현상은 우유나 커피처럼 입자가 너무 작으면 나타나지 않으며, 우블렉oobleck과 같은 비뉴턴 유체에서 관찰할 수 있는데 우블렉의 유변학적 특성을 살펴본 연구가 매우 흥미롭다.

미국 시카고대학교 물리학과 연구진은 막대기로 우블렉을 세게 내려치는 순간을 엑스선X-ray 촬영과 고속 촬영을 이용

액체인 우블렉 위에서 자전거를 탈 수 있다.

해 액체였던 우블렉의 입자들이 순식간에 엉켜 고체처럼 단단
해지는 과정을 설명했다.[7] 또 미국 프린스턴대학교 기계항공공
학과 연구진은 우블렉으로 만든 얇은 필름에 충격을 가할 경우
마치 유리창처럼 깨지는 현상을 발견했다. 고체 입자가 섞여
있는 액체인 현탁액suspension에 충격을 가하면 반응 속도가 빠
른 물이 먼저 그 지점에서 사라지고, 순간적으로 입자들이 서로
엉키면서 단단해지는 원리다. 이러한 특성을 이용해 적당한 농
도의 우블렉으로 호수를 만든다면 예수가 아니더라도 그 위를
걷는 기적을 일으킬 수 있다.[8]

  최근 유변학은 플라스틱, 나일론, 고분자 산업에도 활발히
응용되고 있으며, 3장에서 언급한 의학에서 혈액이 끈끈해지
는 과점도 증후군을 파악하는 데에도 활용되고 있다.

미소시루의 물리학

    초밥집에서 주로 제공되는 일본식 된장국 '미소시루'는 따뜻하게 제공된다. 그런데 이 국물이 식는 동안 풀어진 된장의 움직임을 자세히 들여다보면 독특한 패턴으로 순환하는 모습을 볼 수 있다. 차가운 외부 공기에 노출된 표면은 국물 속과 비교하여 온도가 상대적으로 낮고, 낮은 온도의 유체는 밀도가 높기 때문에 아래로 가라앉는다. 반면 높은 온도의 유체는 밀도가 낮아 위로 상승하기 때문에 자연스레 순환하게 되는데, 이를 레일리-베나르 대류^{Rayleigh-Benard convection} 라 부른다.

    이러한 밀도 차이에 의한 대류는 1900년 프랑스 물리학자 앙리 베나르^{Henri Benard} 가 향유고래 기름에서 처음 관찰하였고, 후에 영국의 물리학자 레일리 경^{Lord Rayleigh} 에 의해 수학 이론 모델이 정립되었다.

    물리화학, 생화학, 표면화학 등에서 주로 연구되는 미립자에 대한 책 『Colloidal Organization』을 출간한 일본 기후대학

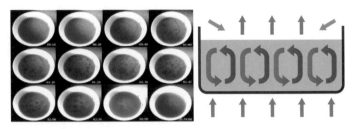

미소시루의 국물은 식을 때까지 내부적으로 순환하며 독특한 흐름을 만든다(Tsuneo Okubo, 2008).

교 화학과 쓰네오 오쿠보Tsuneo Okubo 교수는 일본인들이 일상적으로 마시는 미소시루에도 관심을 가졌다. 오쿠보는 두 종류의 미소를 물에 풀어 다양한 형태의 그릇과 온도에서 이들이 어떻게 움직이는지 관찰하였다.[9]

여러 조건에 따라 미소시루의 패턴이 달라지지만 대체로 다음과 같은 과정이 나타난다. 초기에는 불규칙적인 흐름이 발생하고 시간이 조금 지나면 중앙에서 바깥쪽으로의 주 흐름이 발생한다. 이후 베나르 셀Benard cell 이라 하여 세포처럼 구획이 나뉘어 작게 순환하는 구조가 생긴다. 이때 가장 효율적인 공간 구성을 위해 벌집처럼 육각형을 이룬다. 후반에는 주흐름이 바깥에서 중앙으로 바뀌고 때에 따라 미소가루가 도넛형태를 띠기도 한다.

레일리-베나르 대류의 예는 작은 그릇 속의 국물에만 국한되지 않는다. 뜨거운 용암이 치솟아 올라 차가운 바닷물을 만나면 순식간에 굳으면서 주상절리columnar jointing 가 형성된다. 주상절리의 단면은 대부분 육각형인데, 이 또한 베나르 셀의 영향을 받았기 때문이다.

간혹 하늘의 구름이 얼룩덜룩한 모양을 가지는 이유도 마찬가지다. 따뜻하고 습한 공기는 위쪽으로 떠오르고 건조하고 차가운 공기는 가라앉는다. 더 큰 스케일로는 적도의 뜨거운 열기와 극지방과의 온도 차이로 발생한 대류, 그리고 수온과 염도 차이로 의해 생기는 대양의 해류 또한 레일리-베나르 대류의 예다. 지구상에서 생각할 수 있는 가장 큰 스케일의 대류인 맨틀 역시 핵의 열로 발생한다.

화학과 요리의 만남, 분자 요리

2000년대 중반 해외는 물론 국내에도 널리 유행했던 분자 요리molecular gastronomy 는 식재료를 물리, 화학적으로 분석하고 조합하여 새로운 맛과 식감을 창조하는 조리법이다. 1988년 프랑스 화학자 에르베 티스Hervé This 와 헝가리 물리학자 니콜라스 쿠르티Nicholas Kurti 에 의해 만들어진 이 개념 덕분에 과학자(주로 화학자)와 요리사의 협업이 활발히 이루어지고 있다.

스페인의 전설적인 레스토랑 엘 불리El Bulli 의 페란 아드리아Ferran Adrià* 셰프는 분자 요리의 선구자다. 아드리아가 기술 지원을 담당하는 알리시아ALICIA 연구소에서는 엘 불리 출신의 셰프와 화학자, 영양학자가 식재료를 분자 단위로 분석해 새

---

* 페란 아드리아(Ferran Adria, 1962~): 스페인의 요리사. 1983년 레스토랑 엘 불리에서 견습으로 시작하여 1990년 오너 셰프가 되었으며, 1997년에는 스페인 요리사 중 세 번째로 미슐랭 가이드 별 3개를 획득하였다. 기존에 존재하지 않던 창의적인 조리 기법으로 미각 혁명가로 불렸으며, 엘 불리는 한때 전 세계 미식가들의 성지로 추앙 받았으나 현재는 문을 닫았다.

솜사탕은 가장 손쉽게
만날 수 있는 분자 요리다.

로운 식감과 향미를 만든다. 이를테면 망고 주스를 주사기에
담아 국수나 계란 모양으로 뽑으며 바로 굳히는 식이다.

분자 요리는 고급 레스토랑의 파인 다이닝 fine dining 에서
만 맛볼 수 있는 것은 아니다. 놀이동산에서 흔히 볼 수 있는
솜사탕 cotton candy 이야말로 분자 요리의 원조 격이라 할 수 있
기 때문이다. 원통에 설탕을 가열하여 녹인 후 회전시키면 원
심력에 의해 설탕 용액이 바깥으로 밀려난다. 이때 설탕 용액
이 식으면서 가는 실 모양의 조직이 되는데, 덕분에 '요정의
실 fairy floss'이라는 별명도 갖고 있다. 막대기를 통 안에 넣어
서 돌돌 감으면 설탕 조직이 달라붙어 마치 솜처럼 부푼다. 설
탕 한 숟가락으로 얼굴만한 크기의 새로운 과자가 탄생한 것
이다. 참고로 솜사탕 기계는 미국의 치과 의사 윌리엄 모리슨
William Morrison 과 제과업자 존 와튼 John Wharton 이 발명했다.

한편 분자 요리 중 많은 부분을 차지하는 것이 바로 거품
이다. 거품은 액체막이 공기층을 둘러싼 형태로 화려한 모양

과 독특한 질감이 있어 분자 요리에 자주 사용된다. 거품이 금방 터지지 않고 그 모양을 유지하기 위해서는 유화제emulsifier를 적절히 활용해야 한다. 유화제는 분자 내에 친수기와 친유기를 모두 갖고 있어 기름과 물처럼 잘 섞이지 않는 물질을 섞이게 만드는 표면 활성 물질이다. 마요네즈의 주성분인 식초와 식용유는 잘 섞이지 않지만 달걀 노른자가 유화제 역할을 하여 하나의 소스로 탄생했다.

　이제는 예술로 승화된 '요리'라는 작품은 미각뿐 아니라 우리의 시각적인 면까지 사로잡고 있다. 이와 함께 더 맛있는 음식을 만들기 위한 요리사와 과학자의 끊임없는 노력 또한 유체역학과 함께 요리 속에 깊숙이 녹아 있다.

스테이크를 맛있게 굽는 법

스테이크를 굽는 방식은 요리사들 사이에서도 의견이 조금씩 나뉘지만 뜨겁게 달구어진 불판에서 2~3cm 두께의 고기를 1분 간격으로 뒤집는 것이 일반적인 방식이다. 이때 고기의 겉면을 강한 불에 지지는 것을 씨어링searing이라 하는데, 흔히 육즙을 가두기 위해 씨어링을 한다는 의견은 잘못 알려진 사실이다.

1850년대 독일의 화학자 유스투스 폰 리비히Justus von Liebig가 「음식 화학에 대한 연구Researches on the Chemistry of Food」에서 육즙 이론을 처음 주장한 이후 지금까지도 이 의견은 그럴싸하게 받아들여지지만, 고기를 구울 때 나는 지글거리는 소리는 수분이 계속해서 빠져나가고 있다는 증거다.[10]

씨어링의 본래 목적은 따로 있다. 이 과정에서 아미노산과 포도당, 과당, 맥아당 등이 작용해 갈색의 중합체인 갈변 물질Melanoidin이 만들어지는데, 이를 마이야르 반응Maillard reaction이라 한다. 프랑스 화학자 루이 카미유 마이야르Louis Camille Maillard에 의해 처음 발견된 이 화학 반응은 식빵을 구울 때 겉이 갈색으로 변하여 특유의 구수한 맛을 내는 이유이기도 하다. 이 반응은 150℃ 이상의 온도에서 일어나며, 다른 화학 반

옹과 마찬가지로 표면적이 넓을수록, 기름과 고기의 온도 차이가 클수록 활발하다. 이때 겉면을 익히는 정도에 따라 갈색의 브라우닝browning과 검은색의 블래크닝blackening으로 구분한다.

가마솥에 밥을 할 때 바닥에 눌어붙어 만들어지는 누룽지 역시 마이야르 반응의 예다. 쌀을 주식으로 하는 아시아에는 누룽지와 유사한 음식이 흔하다. 중국의 궈바guoba, 일본의 오코게okoge, 베트남의 꼼짜이comchay, 인도네시아의 렝기낭rengginang 등이 모두 마이야르 반응에 의해 맛을 낸다. 또한 스페인의 전통 쌀 요리 빠에야에서 나오는 소카라트socarrat 역시 일종의 누룽지다.

맺으며

꽉 막힌 도로 위에서, 미술관의 고흐 작품 앞에서, 병원에서 혈압을 측정하면서, 영화관에서 애니메이션을 보면서 흐름에 대해 생각한다. 지구가 탄생한 이래로, 그리고 인류가 탄생한 이후로 이 세상은 단 한순간도 멈추어 있지 않았다. 시간이 흐른다는 것은 그와 함께 세상이 흐르는 것과 마찬가지이며, 삶이란 그저 그 흐름과 함께 하는 것일지도 모른다.

그물망처럼 복잡하고 다양하게 얽히고설킨 이 세상은 점차 경계가 허물어지고 있다. 과거의 전화기는 전기공학자가 대부분 개발했지만 오늘날의 아이폰에는 기계공학자, 재료공학자, 컴퓨터공학자는 물론 통계학자, 인간공학자, 디자이너, 심리학자, 언어학자 등이 개발에 참여한다. 이제 화학자가 요리를, 기계공학자가 스포츠를, 수학자가 그래픽을, 물리학자가 주식 시장을 연구하는 모습이 더이상 낯설거나 어색하지 않다.

오히려 고유의 영역을 넘어 분야를 아우르는 경우에 예상치 못했던 놀라운 결과가 나오기도 한다. 지식의 융합, 학문의 융합, 산업의 융합으로 '융합의 시대'가 도래한 것이다. 어디든 흘러 들어가는 유체처럼 유연한 사고가 필요한 세상이 되었다.

그러한 관점에서 유체역학이라는 학문은 이제 항공공학자나 해양학자들의 전유물이 아닌, 사회 곳곳을 다른 시각으로 바라볼 수 있게 도와주는 렌즈가 되었다. 이 렌즈를 끼고 우리 주변을 천천히 둘러본다면 흐름으로 넘실대고 출렁이는 새로운 세상을 만날 수 있을 것이다.

"*Do not go with the flow. Be the flow.*"

(흐름을 따라가지 말고, 흐름이 되어라.)

-Elif Shafak-

참고 자료

1장

1) 킵 손, "인터스텔라의 과학", 까치 (2015)

2) 케이스 데블린, "수학의 밀레니엄 문제들 7", 까치 (2004)

3) 김찬중, "길잡이 전산유체역학", 문운당 (1998)

4) 류재형, "명화를 만든 10가지 시각효과", 커뮤니케이션북스 (2015)

5) Stanley Osher and James A. Sethian, "Fronts Propagating with Curvature Dependent Speed: Algorithms Based on Hamilton-Jacobi Formulations", Journal of Computational Physics, vol. 79, 1988.

6) "론 페드키우 교수 연구실 홈페이지", http://physbam.stanford.edu/~fedkiw

7) "조셉 테란 교수 연구실 홈페이지", http://www.math.ucla.edu/~jteran
Alexey Stomakhin et al., "A material point method for snow simulation", ACM Transactions on Graphics, vol. 32, 2013.

8) "홍정모 교수 연구실 홈페이지", http://simulation.dongguk.edu
김선태 외, "사례연구: 영화 '7광구'의 유체 시뮬레이션", 컴퓨터그래픽스학회논문지, 한국컴퓨터그래픽스학회 (2012)

9) "강명주 교수 연구실 홈페이지", http://ncia.snu.ac.kr/xe

10) "노준용 교수 연구실 홈페이지", http://vml.kaist.ac.kr/home

11) "랜디 올슨 프로덕션 홈페이지", http://randyolsonproductions.com

12) "케네스 리브레히트 교수 연구실 홈페이지", http://www.its.caltech.edu/~atomic

13) 케네스 리브레히트, "눈송이의 비밀", 양억관, 나무심는사람 (2003)

2장

1) "엘론 머스크 트위터 계정", https://twitter.com/elonmusk

2) 필립 볼, "흐름: 불규칙한 조화가 이루는 변화", 사이언스북스 (2014)

3) Henderson L. F., "On the Statistics of Crowd Fluids", Nature, vol. 229, 1971.

4) Kai Nagel and Michael Schreckenberg, "A cellular automaton model for freeway traffic", Journal de Physique I., vol. 2, 1992.

5) Kerner, B. S., "Experimental Features of Self-Organization in Traffic Flow", Physical Review Letters, vol. 82, 1998.

6) B. K. P. Horn and L. Wang, "Wave Equation of Suppressed Traffic Flow Instabilities", IEEE Transactions on Intelligent Transportation Systems, vol. 19, 2017.

7) S. Göttlich, A. Potschka, U. Ziegler, "Partial outer convexification for traffic light optimization in road networks", SIAM Journal on Scientific Computing, vol. 39, 2017.

8) D. Braess, A. Nagurney and T. Wakolbinger, "On a paradox of traffic planning", vol. 39, Transportation Science, 2005.

9) 정하웅 외, "구글 신은 모든 것을 알고 있다", 사이언스북스 (2014)

10) 그레고리 맨큐, "맨큐의 핵심경제학", 김경한 외, 한티에듀 (2018)

11) 안기정 외, "서울시 혼잡통행료제도 효과평가와 발전 방향", 서울연구원, 2012.

12) 신부용 외, "도로 위의 과학", 지성사 (2014)

13) 한국교통연구원, "월간교통", 2016년 10월호

14) 김치겸 외, "화재 발생 지하철 역사에서의 여객 대피 해석에 관한 연구", 설비공학논문집, 2010.

15) 김명훈 외, "지하철 역사에서의 계단 및 개찰구 군중흐름에 관한 연구", 한국안전학회지, 2009.

16) Dirk Helbing, Peter Molnar, "Social force model for pedestrian dynamics", Physical review E, vol. 51, 1995.

17) J. Aguilar et al., "Collective clog control: Optimizing traffic flow in

confined biological and robophysical excavation", Science, vol. 361, 2018.

"다니엘 골드맨 교수 홈페이지", https://www.physics.gatech.edu/user/daniel-goldman

3장

1) Charles S. Peskin, "Numerical analysis of blood flow in the heart", Journal of Computational Physics, vol. 25, 1977.

2) 조영일 외, "생체유체역학", 야스미디어 (2016)

3) Murray, Cecil D., "The Physiological Principle of Minimum Work: I. The Vascular System and the Cost of Blood Volume", Proceedings of the National Academy of Sciences of the United States of America, vol. 12, 1926.

4) "순환기의공학회 홈페이지", http://www.besco.or.kr

5) 김성균·정성규, "호흡기 내 주기적 공기유동에 대한 PIV 계측", 한국가시화정보학회, 2005.

4장

1) M. L. McAllister et al., "Laboratory recreation of the Draupner wave and the role of breaking in crossing seas", Journal of Fluid Mechanics, vol. 860, 2019.

2) 필립 볼, "흐름: 불규칙한 조화가 이루는 변화", 사이언스북스 (2014)

3) J. L. Aragon et al., "Turbulent luminance in impassioned van Gogh paintings", J. Math. Imaging Vis., vol. 30, 2008.

4) Albert Boime, "Van Gogh's Starry Night: A History of Matter and a Matter of History", ARTS MAGAZINE, vol. 59, 1984.
"알버트 보임 홈페이지", http://www.albertboime.com/Index.cfm

5) Charles A. Whitney, "THE SKIES OF VINCENT VAN GOGH", Art

History, vol. 9, 1986.

6) Zetina, S. Godinez, F. A. and Zenit, R., "A hydrodynamic instability is used to create aesthetically appealing patterns in painting", PLoS ONE, 2015.

Sandra Zetina and Roberto Zenit, "Siqueiros accidental painting technique: a fluid mechanics point of view", APS Division of Fluid Dynamics, 2012.

Roberto Zenit, "Fluid Mechanics of Modern Artistic Painting", 71st Annual Meeting of the APS Division of Fluid Dynamics, vol. 63, 2018.

de la Calleja E.M. and Zenit R., "Topological invariants can be used to quantify complexity in abstract paintings", Knowledge-Based Systems, vol. 126, 2017.

"로베르토 제닛 교수 연구실 홈페이지", http://www.iim.unam.mx/zenit/people.html

"로베르토 제닛 교수 유튜브" https://www.youtube.com/user/elperroleo/videos?disable_polymer=1

7) 캐럴라인 랜츠너, "잭슨 폴록", 고성도, 알에이치코리아 (2014)

8) 제임스 글릭, "카오스", 박래선, 동아시아 (2013)

R. Shaw, "The dripping faucet as a model chaotic system", Aerial Press (1984)

Ambravaneswaran,B., Phillips, S. D. & Basaran, O. A. "Theoretical analysis of a dripping faucet", Physical Review Letters, vol. 85, 2000.

9) A. Herczynski, C. Cernuschi, and L. Mahadevan, "Painting with drops, jets, and sheets", Physics Today, vol. 64, 2011.

C. Cernuschi, and A. Herczynski, "The Subversion of Gravity in Jackson Pollock Abstractions", The Art Bulletin XC, vol. 90, 2008.

"안드레이 헤르친스키 교수 연구실 홈페이지", https://www.bc.edu/bcweb/schools/mcas/departments/physics/people/faculty-directory/andrzej-herczynski.html

"락쉬미나라야난 마하데반 교수 연구실 홈페이지", http://www.seas.
harvard.edu/softmat

10) 카를로 페드레티, "레오나르도 다빈치 위대한 예술과 과학", 이경아
외, 마로니에북스 (2008)

11) Martin Kemp, "Leonardo da Vinci's laboratory: studies in flow",
Nature, vol. 571, 2019.

12) Gharib, M et al., "Leonardo's Vision of flow Visualization",
Experiments in Fluids, vol. 33, 2002.

"모테자 가립 교수 연구실 홈페이지", https://www.gharib.caltech.edu

13) "사진작가 마틴 워프 홈페이지", http://www.liquidsculpture.com

14) "Flow Visualization: the Physics and Art of Fluid Flow 강의 홈페이지",
http://www.flowvis.org

15) "Gallery of Fluid Motion 홈페이지", http://gfm.aps.org

5장

1) 제임스 오언 웨더롤, "돈의 물리학", 이충호, 비즈니스맵 (2014)

2) Alexander M. Petersen et al., "Market dynamics immediately before
and after financial shocks: quantifying the Omori, productivity and
Bath laws", Physical Review E, vol. 82, 2010.

3) Bachelier, L., "Théorie de la speculation", Annales Scientifiques de
l'École Normale Supérieure, vol. 17, 1900.

4) M. F. M. Osborne, "Brownian Motion in the Stock Market",
Operations Research, vol. 7, 1959.

5) M. F. M. OSBORNE, "The Hydrodynamical Performance of
Migratory Salmon", Journal of Experimental Biology, vol. 38, 1961.

6) 이언 스튜어트, "눈송이는 어떤 모양일까?", 전대호, 한승 (2005)

7) 다비드 뤼엘, "우연과 혼돈", 안창림, 이화여자대학교출판문화원
(2000)

8) "파락그 파닥 교수 연구실 홈페이지", https://economics.mit.edu/

faculty/ppathak

9) 홍익희, "월가 이야기", 한스미디어 (2014)

10) 윌리엄 파운드스톤, "머니 사이언스", 동녘사이언스 (2006)

11) 벤 메즈리치, "MIT 수학천재들의 카지노 무너뜨리기", 황해선, 자음 과모음 (2003)

12) 에드워드 소프, "딜러를 이겨라", 신가을, 이레미디어 (2015) 에드워드 소프, "나는 어떻게 시장을 이겼나", 김인정, 이레미디어 (2019)

13) 이매뉴얼 더만, "퀀트", 권루시안, 승산 (2007)

6장

1) 임석재, "지혜롭고 행복한 집 한옥", 인물과사상사 (2013)

2) Amiram Shkolnik et al., "Why do Bedouins wear black robes in hot deserts?", Nature, vol. 283, 1980.

3) 김영일 외, "전북 진안 풍혈의 여름철 냉풍 및 겨울철 온풍 발생 연구", 대한설비공학회 하계학술발표대회 논문집, 2006.

4) 김성삼, "얼음골(밀양군)의 하계 결빙현상에 관하여", 한국기상학회지, 1968.

5) 한화택, "공대생도 잘 모르는 재미있는 공학이야기", 플루토 (2017)

6) 톰 잭슨, "냉장고의 탄생", 김희봉, MID (2016)

7) "건축가 막스 바필드 홈페이지", http://www.marksbarfield.com

8) 여명석, "초고층 빌딩의 연돌현상 대책", 한국유체기계학회, 2008.

9) 완다 쉽맨, "동물들의 집짓기", 문명식, 지호 (2003)

10) Dabiao Liu et al., "Spider dragline silk as torsional actuator driven by humidity", Science Advances, vol. 5, 2019.

11) Mikyoung Shin et al., "Complete prevention of blood loss with selfsealing hemostatic needles", Nature Materials, vol. 16, 2017.

12) Hunter King et al., "Termite mounds harness diurnal temperature oscillations for ventilation", PNAS, vol. 112, 2015.

13) "건축가 믹 피어스 홈페이지", http://www.mickpearce.com

14) 박경미, "수학콘서트 플러스", 동아시아 (2013)

15) B. L. Karihaloo , K. Zhang and J. Wang, "Honeybee combs: how the circular cells transform into rounded hexagons", Journal of the Royal Society Interface, vol. 20, 2013.

7장

1) 장조원, "하늘에 도전하다", 중앙북스 (2012)

2) "국제수영연맹 수영복 규칙", http://www.fina.org/content/fina-approvedswimwear

3) Wouter Hoogkamer et al., "How Biomechanical Improvements in Running Economy Could Break the 2-hour Marathon Barrier", vol. 47, Sports Medicine, 2017.

4) 로버트 어데어, "야구의 물리학", 장석봉, 한승 (2006)

5) "칼 에드위즈 주니어 세부 기록", http://m.mlb.com/player/605218/carledwards-jr

6) 송현수, "커피 얼룩의 비밀", MID (2018)

7) Allen St. John, "The Physics of Tennis Racket Strings", Popular Mechanics, Sep. 3. 2010

8) 프랭크 비자드, "커브볼은 왜 휘어지는가", 지여울, 양문 (2014)

9) 이종원, "골프 역학, 역학 골프", 청문각 (2009)

10) "축구공 멀리 던지기 동영상", https://youtu.be/AmxyPV7azio

11) 렌 피셔, "슈퍼마켓 물리학", 강윤재, 시공사 (2003)

12) Felix Hess, "Boomerangs, aerodynamics and motion", s.n (1975)

13) John C. Vassberg, "Boomerang Flight Dynamics", 30th AIAA Applied Aerodynamics Conference, 2012

14) "영국부메랑협회 홈페이지", http://www.boomerangs.org.uk

15) "국제부메랑협회 홈페이지", http://www.ifbaonline.org

8장

1) 배리 파커, "전쟁의 물리학", 김은영, 북로드 (2015)
2) 김종근 외, "다중프레임을 이용한 궁사의 패러독스 크기 측정", 한국생산제조시스템학회지, 2014.
3) Clanet C, Hersen F and Bocquet L, "Secrets of successful stone skipping", Nature, vol. 427, 2004.
4) 믹 오헤어, "스파게티 사이언스", 김대연, 이마고 (2009)
5) Maryam Pakpour et al., "How to construct the perfect sandcastle", Scientific Reports, vol. 2, 2012.
6) Fall, A. et al., "Sliding Friction on Wet and Dry Sand", Physical Review Letters, vol. 112, 2014.
7) "트랙맨 홈페이지", https://baseball.trackman.com
8) 리처드 로즈, "원자 폭탄 만들기", 문신행, 사이언스북스 (2003)
9) Taylor, Sir G. "The Formation of a Blast Wave by a Very Intense Explosion. I. Theoretical Discussion", Proceedings of the Royal Society A, vol. 201, 1950.
   Taylor, Sir G. "The Formation of a Blast Wave by a Very Intense Explosion. II. The Atomic Explosion of 1945", Proceedings of the Royal Society A, vol. 210, 1950.
   George Batchelor, "The Life and Legacy of G. I. Taylor", Cambridge University Press (1996)

9장

1) "하버드대학교 '과학과 요리' 강의", https://online-learning.harvard.edu/course/science-and-cooking
2) 김영호, "참치 백과사전", 일식조리기술원 (2012)
3) 브라이언 이니스, "모든 살인은 증거를 남긴다", 이경식, Human & Books (2005)
4) J. Kenji Lopez-Alt, "THE FOOD LAB 더푸드랩", 임현수, 영진닷컴

(2017)

5) Emmanuel Virot and Alexandre Ponomarenko, "Popcorn: critical temperature, jump and sound", Journal of the Royal Society Interface, vol. 12, 2015.

6) Paul V. Quinn Sr. et al., "Increasing the size of a piece of popcorn", Physica A: Statistical Mechanics and its Applications, vol. 353, 2005.

7) Scott R. Waitukaitis and Heinrich M. Jaeger, "Impact-activated solidification of dense suspensions via dynamic jamming fronts", Nature, vol. 487, 2012.

8) Matthieu Roché et al., "Dynamic Fracture of Non glassy Suspensions", Physical Review Letters, vol. 110, 2013.

9) Tsuneo Okubo, "Convectional and sedimentation dissipative patterns of Miso soup", Colloid and Polymer Science, vol. 287, 2008.

10) 해럴드 맥기, "음식과 요리", 이희건, 이데아 (2017)

이렇게 흘러가는 세상

초판 1쇄 인쇄 2020년 3월 24일
초판 4쇄 발행 2022년 12월 14일

지은이 송현수
펴낸곳 (주)엠아이디미디어
펴낸이 최종현
기획 김동출
편집 최종현, 김한나
교정 김한나
디자인 이창욱

주소 서울특별시 마포구 신촌로 162, 1202호
전화 (02) 704-3448 **팩스** (02) 6351-3448
이메일 mid@bookmid.com **홈페이지** www.bookmid.com
등록 제2011 - 000250호
ISBN 979-11-90116-21-3 03420

책값은 표지 뒤쪽에 있습니다. 파본은 구매처에서 바꾸어 드립니다.

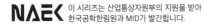
이 시리즈는 산업통상자원부의 지원을 받아
한국공학한림원과 MID가 발간합니다.